コンパクトシリーズ　数学

常微分方程式

河村哲也　著

インデックス出版

Preface

大学で理工系を選ぶみなさんは、おそらく高校の時は数学が得意だったのではないでしょうか。本シリーズは高校の時には数学が得意だったけれども大学で不得意になってしまった方々を主な読者と想定し、数学を再度得意になっていただくことを意図しています。それとともに、大学に入って分厚い教科書が並んでいるのを見て尻込みしてしまった方を対象に、今後道に迷わないように早い段階で道案内をしておきたいという意図もあります。

数学は積み重ねの学問ですので、ある部分でつまずいてしまうと先に進めなくなるという性格をもっています。そのため分厚い本を読んでいて、枝葉末節にこだわると読み終えないうちに嫌になるということが多々あります。このような時には思い切って先に進めばよいのですが、分厚い本だとまた引っかかる部分が出てきて、自分は数学に向かないとあきらめてしまうことになりかねません。

このようなことを避けるためには、第一段階の本、あるいは読み返す本は「できるだけ薄い」のがよいと著者は考えています。そこで本シリーズは大学の2～3年次までに学ぶ数学のテーマを扱いながらも重要な部分を抜き出し、一冊については本文は70～90頁程度（Appendixや問題解答を含めてもせいぜい100～120頁程度）になるように配慮しています。具体的には本シリーズは

微分・積分
線形代数
常微分方程式
ベクトル解析
複素関数
フーリエ解析・ラプラス変換
数値計算

の7冊からなり、ふつうの教科書や参考書ではそれぞれ200～300ページになる内容のものですが、それをわかりやすさを保ちながら凝縮しています。

なお、本シリーズは性格上、あくまで導入を目的としたものであるため、今後、数学を道具として使う可能性がある場合には、本書を読まれたあともう一度、きちんと書かれた数学書を読んでいただきたいと思います。

河村 哲也

Contents

Chapter 1

微分方程式

1.1　微分方程式の種類

すぐあとに具体例をいくつかあげますが，関数やその導関数を含んだ関係式があり，それを関数を求める方程式とみなしたとき，**微分方程式**とよんでいます．特に取り扱う関数が１変数の関数の場合を常微分方程式，２変数以上の関数の場合を偏微分方程式とよんで区別しますが，本書で取り扱うのは常微分方程式がほとんどなので，常微分方程式を単に微分方程式とよぶことにします．

用語を説明するために微分方程式の具体例を５つあげることにします．ただし，求めるべき関数（未知関数）は y であり，y は x の関数であるとします．

$$\frac{d^2y}{dx^2} = -g \quad (g\text{: 定数}) \tag{1.1.1}$$

$$\frac{dy}{dx} = 3y - 4y^2 \tag{1.1.2}$$

$$x^2\frac{d^2y}{dx^2} + x\frac{dy}{dx} + (x^2 - 1)y = 0 \tag{1.1.3}$$

$$\frac{d^3y}{dx^3} + y\frac{d^2y}{dx^2} = 0 \tag{1.1.4}$$

$$y\log\left(\frac{dy}{dx}\right) = x\frac{dy}{dx} \tag{1.1.5}$$

このうち式(1.1.2）と式(1.1.5）は未知関数 y の最高階の導関数が１階なので１階微分方程式とよびます．同様に，式(1.1.1）と式(1.1.3）は最高階の導関数が２階なので２階微分方程式，式(1.1.4）は３階微分方程式です．

微分方程式が未知関数に対して線形のとき，**線形微分方程式**とよびます．上の例では線形微分方程式は式(1.1.1）と式(1.1.3）だけで，それ以外は非線形

（線形でないこと）です．なぜなら，未知関数 y について線形でない項（y^2, yd^2y/dx^2, $y\log(dy/dx)$）が方程式の中にあるからです．

さらに，微分方程式が，最高階の微分について解けた形をしている場合，あるいは簡単にそのようにできる場合を**正規形**，それ以外を**非正規形**とよびます．したがって，式(1.1.1）と式(1.1.2）は形の上から正規形ですが，式(1.1.3）と式(1.1.4)も簡単に正規形に直せるため正規形とみなせます．一方，式(1.1.5）は非正規形になります．

なお，上記のすべての例では未知関数（従属変数）がひとつですが，未知関数が複数個の場合もあります．一般に，未知関数が複数個ある場合，微分方程式も未知関数と同じ個数必要で，それらを連立させて解くことになります．このような微分方程式を**連立微分方程式**とよんでいます．たとえば

$$\frac{dy}{dx} = 3y - 4z$$

$$\frac{dz}{dx} = 3z - 2y \tag{1.1.6}$$

は y と z を x の未知関数とする連立微分方程式です．

1.2　実在現象と微分方程式

実在現象を数学的に記述する場合に微分方程式がしばしば現れます．ここでは特に重要な**ニュートンの運動方程式**を取り上げます．この方程式は，質点の運動を表すニュートンの運動の第2法則，（質量×加速度＝力）を微分方程式で記述したものです．いま，例として**自由落下**する物体を考えます．ある決まった点（たとえば地面）から測った質点の位置（鉛直距離）を y とすれば，質点の速度と加速度はそれぞれ dy/dt と d^2y/dt^2 となります．ここで t は時間です．質点の質量を m，**重力加速度**を g とすれば，落下する物体には重力 $-mg$（負の符号は下向きを意味します）が働きます．重力以外の力（たとえば空気抵抗）が無視できるとすれば，ニュートンの運動方程式は

$$m\frac{d^2y}{dt^2} = -mg \tag{1.2.1}$$

となります．両辺を m で割って，t を改めて x と書くことにすれば，この方

程式は式(1.1.1) と同じになります．なお，加速度は時間に関する2階微分なのでニュートンの運動方程式は必然的に2階微分方程式になります．

式(1.1.1) を解くことを考えます．$v=dy/dx$ とおけば $dv/dx=d^2y/dx^2$ となります．ここで，v は**速度**という意味をもっています．このとき，式(1.1.1) は

$$\frac{dv}{dx} = -g \tag{1.2.2}$$

と書けます. これは v に対する1階微分方程式です. v を微分したものが定数 $-g$ なので，この式を1回（不定）積分すれば

$$v = -gx + C \tag{1.2.3}$$

となります．ここで C は積分定数で定数であれば任意の値をとることができます．実際，式(1.2.3) を微分すれば C は消えて式(1.2.2) にもどります．このように，1階微分方程式の解には1つの**任意定数**が現れます．

式(1.2.3) を y で表せば

$$(v =)\frac{dy}{dx} = -gx + C \tag{1.2.4}$$

となるので，これをもう1度 x で積分すれば，

$$y = -\frac{1}{2}gx^2 + Cx + D \tag{1.2.5}$$

となります．ここで D は任意定数です．このように2階微分方程式の解は2つの任意定数（今の場合は C，D）をもつことになります．

以上のことから類推されますが，一般に n 階微分方程式は n 個の任意定数を含んだ解をもちます．このような解を微分方程式の**一般解**とよんでいます．逆に任意定数を含んだ解から微分を使って任意定数を消去するともとの微分方程式が得られます．

質点の自由落下運動に戻ります．質点の運動は，質点がある特定の時間に特定の位置にあり，特定の速度をもっていると一通りに決めることができます．特定の時間には初期の時間（$x=0$）をとることが多いので，$x=0$ のとき $y=y_0$, v（$=dy/dx$）$=v_0$ という条件を課すことにします．このとき，式(1.2.3) において $x=0$ を代入すれば $C=v_0$，すなわち

$$v = -gx + v_0 \tag{1.2.6}$$

となり，さらに式(1.2.5) から $D{=}y_0$，すなわち

$$y = -\frac{1}{2}gx^2 + v_0 x + y_0 \tag{1.2.7}$$

という解が得られます．このように，ある特定の条件を満たす解を**特解**とよんでいます．

y_0 を地面から測った距離とすれば，式(1.2.7) から質点が地面に到達する時間は

$$0 = -\frac{1}{2}gx^2 + v_0 x + y_0$$

すなわち，

$$gx^2 - 2v_0 x - 2y_0 = 0$$

という 2 次方程式を解けばよいので

$$x = (v_0 + \sqrt{v_0^2 + 2gy_0})/g \tag{1.2.8}$$

となります．ただし，時間 x は 0 から測っているため正の値をとるはずなので複号はプラスをとっています．このとき，質点が地面にぶつかる速度は，式(1.2.6) から

$$v = -(v_0 + \sqrt{v_0^2 + 2gy_0}) + v_0 = -\sqrt{v_0^2 + 2gy_0} \tag{1.2.9}$$

となります．なお，運動方程式には質点の質量は現れていないため，どんな物体でもこれらの値は同じになります．

Problems　　Chapter 1

1. 次の微分方程式が括弧内の一般解または特解をもつことを代入することにより確かめなさい（A, B, C：定数）.

 (a) $\dfrac{dy}{dx} = xy \quad (y = C\exp(x^2/2))$

 (b) $\left(\dfrac{dy}{dx}\right)^2 + x\dfrac{dy}{dx} - y = 0 \quad (y = C(x+C))$

 (c) $\dfrac{d^2y}{dx^2} - 3\dfrac{dy}{dx} + 2y = 0 \quad (y = Ae^x + Be^{2x})$

2. 次の関数を一般解にもつような微分方程式を任意定数を消去することにより求めなさい（A, B, C：定数）.

 (a) $y = \cos(x + C)$

 (b) $y = A\log x + x$

 (c) $y = Ax + \dfrac{B}{x}$

 (d) $y = A\cos(x + B)$

Chapter 2

1 階微分方程式の解法 その 1

2.1 1 階微分方程式

本節では **1 階微分方程式**

$$F\left(x, y, \frac{dy}{dx}\right) = 0 \tag{2.1.1}$$

の解法の中で基本的なものを紹介します．式(2.1.1) が dy/dx について解けて

$$\frac{dy}{dx} = f(x, y) \tag{2.1.2}$$

と書けるとき**正規形**, またそのような形に書けない場合を**非正規形**といいます．非正規形よりも正規形の方が解きやすいのですが，正規形であっても**求積法**[*1] で解けるのは式(2.1.2) の右辺の $f(x,\ y)$ が特殊な形をしている場合に限られます．そして，この $f(x,\ y)$ の形によって解法は決まっています．非正規形に対しては，**Chapter 3** で述べます．

2.2 積 分 形

積分形とは式(2.1.2) の右辺の関数が xだけの関数である場合，すなわち

$$\frac{dy}{dx} = f(x) \tag{2.2.1}$$

と書ける場合を指します．この方程式は両辺を x で不定積分すればただちに解けて

$$y = \int f(x) dx \tag{2.2.2}$$

となります．

＊1　積分を使って解く普通の意味での解法

Example 2.2.1

次の微分方程式を解きなさい．

(1) $\dfrac{dy}{dx} = 3x^2 + 2x$

(2) $\dfrac{dy}{dx} = e^x \sin x$

[Answer]

(1) $\dfrac{dy}{dx} = 3x^2 + 2x$ より　$y = \displaystyle\int (3x^2 + 2x)dx = x^3 + x^2 + C$

ただし，C は積分定数です．

(2) $\dfrac{dy}{dx} = e^x \sin x$

の右辺を積分するとき部分積分を使います．すなわち

$$\begin{aligned} y &= \int e^x \sin x dx \\ &= e^x \sin x - \int e^x \cos x dx \\ &= e^x \sin x - \left(e^x \cos x + \int e^x \sin x dx \right) \\ &= e^x (\sin x - \cos x) - y + 2C \end{aligned}$$

したがって

$$y = \frac{e^x}{2}(\sin x - \cos x) + C \quad (C\text{：任意定数})$$

2.3　変数分離形

変数分離形とは式(2.1.2) の右辺が $f(x)h(y)$ あるいは同じことですが $h(y) = 1/g(y)$ として $f(x)/g(y)$ と書ける場合，すなわち

$$\frac{dy}{dx} = \frac{f(x)}{g(y)} \tag{2.3.1}$$

の場合を指します．この方程式は両辺に $g(y)$ をかけて x で積分することにより

$$\int g(y)dy = \int f(x)dx \tag{2.3.2}$$

となります．ただし，左辺の変形には**置換積分法**

$$\int g(y)\frac{dy}{dx}dx = \int g(y)dy$$

を用いています．まとめると次のようになります．

Point

変数分離形

$$\frac{dy}{dx} = \frac{f(x)}{g(y)} \quad \rightarrow \quad \int g(y)dy = \int f(x)dx$$

Example 2.3.1

次の微分方程式を解きなさい．

(1) $y\dfrac{dy}{dx} + 2x = 0$

(2) $x^2\dfrac{dy}{dx} + y = 0$

[Answer]

以下の式で A と C は任意定数です．

(1) $\displaystyle\int ydy = -\int 2xdx$

$$\frac{y^2}{2} = -x^2 + \frac{C}{2}$$

$$2x^2 + y^2 = C$$

(2) $\displaystyle\int \frac{dy}{y} = -\int \frac{dx}{x^2}$

より

$$\log|y| = \frac{1}{x} + A$$

したがって

$$y = Ce^{1/x}$$

2.4 同　次　形

同次形とは式(2.1.2) の右辺が y/x の関数，すなわち

$$\frac{dy}{dx} = f\left(\frac{y}{x}\right) \tag{2.4.1}$$

の場合を指します．このとき，$y=ux$ とおけば変数分離形 になります．実際

$$\frac{dy}{dx} = \frac{d(ux)}{dx} = x\frac{du}{dx} + u$$

を式(2.4.1) に代入すれば

$$x\frac{du}{dx} + u = f(u)$$

より

$$\frac{du}{dx} = \frac{f(u) - u}{x}$$

となり，これは変数分離形です．まとめると次のようになります．

Point

同次形

$\dfrac{dy}{dx} = f\left(\dfrac{y}{x}\right)$ は $y = ux$ とおくと変数分離形

Example 2.4.1

次の微分方程式を解きなさい．

(1) $xy^2\dfrac{dy}{dx} = x^3 + y^3$

(2) $(x - y) + (x + y)\dfrac{dy}{dx} = 0$

[Answer]

以下の式で C は任意定数です.

(1) $\dfrac{dy}{dx}=\dfrac{x^2}{y^2}+\dfrac{y}{x}$ において $y=ux$ とおくと

$$x\frac{du}{dx}+u=\frac{1}{u^2}+u \quad \text{より}$$

$$\int u^2du=\int\frac{dx}{x} \quad \text{となるため，積分を実行して}$$

$$\frac{u^3}{3}=\log|x|+C$$

したがって

$$y^3=3x^3(\log|x|+C)$$

(2) $\dfrac{dy}{dx}=\dfrac{y-x}{x+y}$

において $y=ux$ とおくと

$$x\frac{du}{dx}+u=\frac{u-1}{u+1}$$

すなわち

$$\frac{u+1}{u^2+1}\frac{du}{dx}=-\frac{1}{x}$$

x で積分して

$$\frac{1}{2}\int\frac{2udu}{u^2+1}+\int\frac{du}{u^2+1}=-\int\frac{dx}{x}$$

$$\frac{1}{2}\log(u^2+1)+\tan^{-1}u=-\log|x|+\frac{C}{2}$$

したがって

$$\log(x^2+y^2)+2\tan^{-1}\frac{y}{x}=C$$

Note ....

同次形になおせる場合

そのままでは同次形とはいえませんが，簡単な置き換えにより同次形または変数分離形になおせる場合として

$$\frac{dy}{dx} = g\left(\frac{ax+by+c}{px+qy+r}\right) \tag{2.4.2}$$

という形の1階微分方程式があります．ただし a, b, c, p, q, r は定数です．

例えば

$$\frac{dy}{dx} = \log\left(\frac{3x+y-5}{x-3y-5}\right) - 2\left(\frac{3x+y-5}{x-3y-5}\right)$$

がその例です．

式(2.4.2) において，c と r が同時に0にできれば同次形になるため，変数変換

$$x = X + s,\ y = Y + t \tag{2.4.3}$$

を行うことを考えます．

$$\frac{ax+by+c}{px+qy+r} = \frac{aX+bY+as+bt+c}{pX+qY+ps+qt+r} \tag{2.4.4}$$

となるため，s, t として連立2元1次方程式

$$\begin{aligned} as + bt &= -c \\ ps + qt &= -r \end{aligned} \tag{2.4.5}$$

の解を選べば式(2.4.4) の右辺の分母と分子の定数項は0になります．

連立1次方程式(2.4.5) は $aq - bp \neq 0$ のとき解が一通りに定まります．

一方，変換 (2.4.3) によって方程式(2.4.2) の左辺は

$$\frac{dy}{dx} = \frac{dy}{dY}\frac{dY}{dX}\frac{dX}{dx} = \frac{dY}{dX} \tag{2.4.6}$$

となるため，結局

$$\frac{dY}{dX} = g\left(\frac{aX+bY}{pX+qY}\right)$$

という同次形に帰着されます．

なお，例外であった $aq-bp=0$ の場合は

$$\frac{p}{a}=\frac{q}{b}=m$$

とおけば，方程式(2.4.2) は

$$\frac{dy}{dx}=g\left(\frac{(ax+by)+c}{m(ax+by)+r}\right)$$

となります．そこでもう一度

$$u=ax+by$$

とおけば

$$\frac{du}{dx}=a+b\frac{dy}{dx}$$

であることを用いて

$$\frac{du}{dx}=a+bg\left(\frac{u+c}{mu+r}\right)$$

が得られます．g は変数 u だけの関数なので，上式は変数分離形の特殊な場合になっています．

Example 2.4.2

次の微分方程式を解きなさい．

$$\frac{dy}{dx}=\frac{3x+y-5}{x-3y-5}$$

[Answer]

はじめに連立 2 元 1 次方程式

$$3s+t=5$$

$$s-3t=5$$

を解けば

$$s=2,\ \ t=-1$$

となります．そこで，

$$x=X+2,\ \ y=Y-1$$

をもとの方程式に代入すれば，同次形

$$\frac{dY}{dX}=\frac{3X+Y}{X-3Y}$$

になります．次に $Y=uX$ を上式に代入すれば

$$X\frac{du}{dX}+u=\frac{3+u}{1-3u}$$

すなわち，

$$\left(\frac{1}{3(1+u^2)}-\frac{u}{1+u^2}\right)\frac{du}{dX}=\frac{1}{X}$$

という変数分離形になります．両辺を X で積分すれば

$$\frac{1}{3}\tan^{-1}u-\frac{1}{2}\log(1+u^2)=\log|X|+C_1$$

となり，形を整えるため 6 倍して変数を X と Y に戻せば

$$2\tan^{-1}\frac{Y}{X}=3\log(X^2+Y^2)+C$$

が得られます．さらにこの式をもとの x, y で表せば

$$2\tan^{-1}\frac{y+1}{x-2}=3\log(x^2+y^2-4x+2y+5)+C$$

という解が得られます（C_1，C：任意定数）．

2.5　線　　形

1 階線形微分方程式は

$$\frac{dy}{dx}+p(x)y=q(x) \tag{2.5.1}$$

という形をした微分方程式です．この方程式は，$q(x)=0$ のとき変数分離形

$$\frac{dy}{dx}=-p(x)y$$

になります．したがって，

$$\int\frac{dy}{y}\quad(=\log|y|)=-\int p(x)dx$$

と変形できるため A を任意定数として

$$y = Ah(x) \quad (\text{ただし } h(x) = e^{-\int p(x)dx}) \tag{2.5.2}$$

という形の解をもちます．式(2.5.1) の解は，式(2.5.2) の A を x の関数とみなして式(2.5.1) に代入し，$A(x)$ を定めることにより求まります．このような方法を**定数変化法**といいます．実際

$$\frac{dy}{dx} = \frac{dA}{dx}h(x) + A\frac{dh}{dx} = \frac{dA}{dx}e^{-\int p(x)dx} - Ap(x)e^{-\int p(x)dx}$$

より式(2.5.1) は

$$\frac{dy}{dx} + p(x)y = \frac{dA}{dx}e^{-\int p(x)dx} = q(x)$$

となるため

$$A(x) = \int q(x)e^{\int p(x)dx}dx + C$$

というように A が求まります．これを式(2.5.2) に代入すれば

Point　線形微分方程式

$\dfrac{dy}{dx} + p(x)y = q(x)$　の一般解は

$$y = e^{-\int p(x)dx}\left(\int e^{\int p(x)dx}q(x)\,dx + C\right) \tag{2.5.3}$$

となることがわかります．ただし，覚えにくい形なので，以下の例のように上記の手順に従って，まず右辺を 0 にした方程式を解くのが得策です．

Example 2.5.1

次の微分方程式を解きなさい．

(1) $\dfrac{dy}{dx} - \dfrac{2y}{x} = -2x^2$

(2) $\dfrac{dy}{dx} + 2y\tan x = \sin x$

[Answer]

(1) 右辺を0にした方程式

$$\frac{dy}{dx}-\frac{2y}{x}=0$$

を解いて

$$y=Ax^2$$

A を x の関数としてもとの方程式に代入すれば

$$y'-\frac{2y}{x}=A'x^2+2Ax-2Ax=-2x^2$$

$$A'=-2$$

$$A=-2x+C$$

したがって

$$y=Ax^2=-2x^3+Cx^2$$（C：任意定数）

(2) 右辺を0にした方程式

$$\frac{dy}{dx}+2y\tan x=0$$

は変数分離形であり

$$\int\frac{dy}{y}=-2\int\tan x dx$$

積分を実行して

$$\log|y|=2\log|\cos x|+a$$

$$y=A\cos^2 x$$

A を x の関数としてもとの方程式に代入すれば

$$y'+2y\tan x=A'\cos^2 x-2A\cos x\sin x+2A\cos^2 x\tan x=\sin x$$

したがって

$$A'=\frac{\sin x}{\cos^2 x}$$

$$\therefore\quad A=\int\frac{\sin x}{\cos^2 x}dx=\frac{1}{\cos x}+C$$

$y=A\cos^2 x$ に代入すれば

$$y=C\cos^2 x+\cos x$$（C：任意定数）

Note ....

ベルヌーイの微分方程式とリッカチの微分方程式

（1）ベルヌーイの微分方程式

見かけ上は線形ではありませんが簡単な変数変換で 1 階線形微分方程式に直せる微分方程式に

$$\frac{dy}{dx} + p(x)y = q(x)y^{\alpha} \tag{2.5.4}$$

という形のベルヌーイ (Bernoulli) の微分方程式があります：

ただし，実数 α が 0 または 1 の場合は式(2.5.4) は線形になるため除外します．$\alpha \neq 0, 1$ のとき両辺を y^{α} で割ると

$$y^{-\alpha}\frac{dy}{dx} + p(x)y^{1-\alpha} = q(x)$$

となります．そこで

$$z = y^{1-\alpha} \tag{2.5.5}$$

とおくと，

$$\frac{dz}{dx} = (1-\alpha)y^{-\alpha}\frac{dy}{dx}$$

になるため，これを用いて微分方程式を書き換えれば，z に関する微分方程式

$$\frac{1}{1-\alpha}\frac{dz}{dx} + pz = q$$

が得られます．これは 1 階線形微分方程式であり，式(2.5.1) の $p(x)$ と $q(x)$ をそれぞれ $(1-\alpha)p(x)$ と $(1-\alpha)q(x)$ で置き換えたものになっています．

まとめると次のようになります．

Point

ベルヌーイの微分方程式

$$\frac{dy}{dx} + p(x)y = q(x)y^{\alpha} \quad (\alpha \neq 0, 1)$$

は$z = y^{1-\alpha}$とおくと 1 階線形微分方程式．

Example 2.5.2

次の微分方程式の一般解を求めなさい．

$$\frac{dy}{dx}+\frac{y}{x}=x^2y^3$$

[**Answer**]

この方程式はベルヌーイの微分方程式（式(2.5.4)で $\alpha=3$）なので，式(2.5.5)より

$$z=y^{1-3}=y^{-2}$$

とおきます．

$$\frac{dz}{dx}=-2y^{-3}\frac{dy}{dx} \text{ または } y^{-3}\frac{dy}{dx}=-\frac{1}{2}\frac{dz}{dx}$$

より，もとの方程式を y^3 で割った方程式に代入すれば

$$-\frac{1}{2}\frac{dz}{dx}+\frac{z}{x}=x^2 \text{ または } \frac{dz}{dx}-\frac{2z}{x}=-2x^2$$

となります．この方程式は z を y とみなせば **Example 2.5.1** の（1）と同じになります．

そこで，その結果を用いれば一般解は

$$y^{-2}(=z)=-2x^3+Cx^2$$

であることがわかります．

（2）リッカチの微分方程式

$$\frac{dy}{dx}+p(x)y^2+q(x)y+r(x)=0 \tag{2.5.6}$$

の形の微分方程式はリッカチの微分方程式とよばれています．リッカチの微分方程式は一般に求積法では解が求まらないことが知られていますが，もし1つの特解 w が求まれば $y=w+u$ と置くことにより求積法で解が求まります．なぜなら，この関係を式(2.5.6)に代入すれば

$$\left(\frac{dw}{dx}+pw^2+qw+r\right)+\frac{du}{dx}+pu^2+(2wp+q)u=0$$

になりますが，左辺のはじめの括弧内は w が特解であるので 0 になります．したがって，

$$\frac{du}{dx} + (2wp + q)u = -pu^2 \tag{2.5.7}$$

というベルヌーイの方程式に変形できます．

Example 2.5.3

次のリッカチの方程式を解きなさい（括弧内は 1 つの特解）．

$$\frac{dy}{dx} + \frac{2y^2}{x^4} = -x^2 \ \ (y = -x^3)$$

[Answer]

$y = u - x^3$ とおいてもとの方程式に代入すれば，ベルヌーイの方程式

$$\frac{du}{dx} - \frac{4u}{x} = -\frac{2u^2}{x^4}$$

になります．そこで，もう一度 $z = u^{1-2} = 1/u$ とおけば，線形 1 階微分方程式

$$\frac{dz}{dx} + \frac{4z}{x} = \frac{2}{x^4}$$

が得られます．紙面を節約するため公式(2.5.3)を使うと

$$\int p(x)dx = \int \frac{4}{x}dx = 4\log x$$

であるので

$$z = e^{-4\log x}\left(\int e^{4\log x} \times \frac{2}{x^4}dx + C\right) = x^{-4}\left(2\int dx + C\right) = \frac{2x + C}{x^4}$$

したがって，

$$z = \frac{1}{u} = \frac{2x + C}{x^4} \quad \text{より} \quad y = u - x^3 = \frac{x^4}{2x + C} - x^3 \ \ (C：\text{任意定数})$$

Problems　Chapter 2

1. 次の変数分離形の微分方程式の一般解を求めなさい.

(a) $(x+2)\dfrac{dy}{dx} - xy = 0$

(b) $\dfrac{dy}{dx} = e^{x-y+1}$

(c) $1 + x\dfrac{dy}{dx} = x^3\dfrac{dy}{dx}$

(d) $x\dfrac{dy}{dx} + y^2 = 4$

2. 次の同次形（またはその変形）の微分方程式の一般解を求めなさい.

(a) $x\dfrac{dy}{dx} + (x-y) = 0$

(b) $x\dfrac{dy}{dx} - y = \sqrt{x^2 - y^2}$

(c) $2(x-4y)\dfrac{dy}{dx} = 2x - 8y + 1$

3. 次の線形またはベルヌーイの微分方程式の一般解を求めなさい.

(a) $\dfrac{dy}{dx} + y\sin x = \sin x\cos x$

(b) $\dfrac{dy}{dx} - 2y = x^2$

(c) $\dfrac{dy}{dx} - y\cot x = 1$

(d) $\dfrac{dy}{dx} - \dfrac{y}{x} = \dfrac{y^3}{x^2}$

4. 次のリッカチの微分方程式の一般解を求めなさい（括弧内はひとつの特解).

$$\frac{dy}{dx} - y^2 = -\frac{2}{x^2} \quad \left(y = \frac{1}{x}\right)$$

Chapter 3

1 階微分方程式 その 2

本節では完全微分方程式とよばれる方程式，また工夫により完全微分方程式になおせる微分方程式，さらに非正規形の微分方程式の例として主としてクレーローの微分方程式の解法を述べます．

3.1 完全微分方程式

はじめに全微分について復習しておきます．ある関数 $z=f(x,\ y)$ の**全微分** df（$=dz$）は

$$df = \frac{\partial f}{\partial x}dx + \frac{\partial f}{\partial y}dy \tag{3.1.1}$$

で定義されました．そして，全微分が 0 であれば，すなわち $df=0$ であれば，関数 f は定数になります．

さて本節では

$$P(x,y)dx + Q(x,y)dy = 0 \tag{3.1.2}$$

の形の微分方程式を考えます．なお，この方程式は左辺第 1 項を右辺に移項して $Q(x,\ y)dx$ で割れば

$$\frac{dy}{dx} = -\frac{P(x,y)}{Q(x,y)} \tag{3.1.3}$$

となるので正規形の一種と考えられます．

いま，式(3.1.2) の関数 $P,\ Q$ が

$$P(x,y) = \frac{\partial f}{\partial x},\quad Q(x,y) = \frac{\partial f}{\partial y} \tag{3.1.4}$$

を満足したと仮定します．このとき，式(3.1.4) を式(3.1.2) の左辺に代入した式と式(3.1.1) の右辺が一致します．したがって，式(3.1.2) は

$$df = 0$$

という方程式になります．この式は f の全微分が 0 であることを意味しているため，式(3.1.2) は C を任意定数として

$$f(x,y)=C \tag{3.1.5}$$

という解をもつことがわかります．

式(3.1.4)を満足する $P(x, y)$ と $Q(x, y)$ は無関係ではありません．すなわち，式(3.1.4) から P と Q は，

$$\frac{\partial}{\partial y}P(x,y)=\frac{\partial}{\partial x}Q(x,y) \tag{3.1.6}$$

をみたす必要があります．なぜなら，式(3.1.4) を参照すれば，上式の左辺と右辺はそれぞれ

$$\frac{\partial^2 f}{\partial x\partial y} \quad \text{および} \quad \frac{\partial^2 f}{\partial y\partial x}$$

になりますが，どちらも等しいからです．

P と Q が式(3.1.6) の条件を満たす場合，方程式(3.1.2) を**完全微分方程式**とよんでいます．

完全微分方程式の解法を **Example** を用いて示します．

Example 3.1.1

次の微分方程式が完全微分方程式であることを確かめた上で一般解を求めなさい．

$$\frac{dy}{dx}=-\frac{x^2-2y}{y^2-2x}$$

[Answer]

この方程式は

$$(x^2-2y)dx+(y^2-2x)dy=0$$

と書けます．このとき，式(3.1.1) と比較すれば

$$P(x,y)=x^2-2y,\ Q(x,y)=y^2-2x$$

となり，さらに

$$\frac{\partial P}{\partial y}=\frac{\partial}{\partial y}(x^2-2y)=-2,\quad \frac{\partial Q}{\partial x}=\frac{\partial}{\partial x}(y^2-2x)=-2$$

です．したがって

$$\frac{\partial}{\partial y}P(x,y)=\frac{\partial}{\partial x}Q(x,y)$$

が成り立つため完全微分方程式です．そこで，

$$\frac{\partial f}{\partial x}(=P)=x^2-2y$$

であるため，この式を x で積分して

$$f(x,y)=\int(x^2-2y)dx+g(y)=\frac{x^3}{3}-2yx+g(y)$$

となります．ただし，$g(y)$ は x に関して積分したために現われる y の任意関数であり，逆に上式を x で微分すれば消えてもとの式に戻ります．f を y で微分したものが Q すなわち y^2-2x であるため

$$\frac{\partial f}{\partial y}=-2x+\frac{dg}{dy}=y^2-2x$$

この式から $g(y)$ が定まって

$$g(y)=\frac{y^3}{3}+C_1$$

となります．この $g(y)$ を上の $f(x,\ y)$の式に代入して，一般解が $f(x,\ y)=C$(定数）であることを用いれば

$$x^3-6xy+y^3=C$$

が得られます（C_1，C_2，C：任意定数)．

なお，完全微分方程式(3.1.2）には解の公式

Point

完全微分方程式

$$f(x,y)=\int_{x_0}^{x}P(x,y)\,dx+\int_{y_0}^{y}Q(x_0,y)\,dy=C\ （任意定数） \tag{3.1.7}$$

があります．これは式(3.1.4）の第 1 式を区間$[x_0,\ x]$で積分すると

$$f = \int_{x_0}^{x} P(x, y)\, dx + g(y) \tag{3.1.8}$$

となりますが，これを y で微分して式(3.1.6) と式(3.1.4) の第 2 式を用いれば

$$Q(x, y) = \frac{\partial f}{\partial y} = \int_{x_0}^{x} \frac{\partial Q}{\partial x} dx + \frac{dg}{dy} = Q(x, y) - Q(x_0, y) + \frac{dg}{dy}$$

すなわち

$$\frac{dg}{dy} = Q(x_0, y)$$

となります. これを$[y_0, y]$で積分して式(3.1.8)に代入すれば得られます. なお, 式(3.1.7) には任意定数が 3 つあるように見えますが，実際に計算すると 1 つにまとめることができます.

完全微分方程式は上述の手順に従わなくても

Point

$$f(x)dx = d\left(\int f(x)dx\right) \tag{3.1.9}$$

$$d(xy) = xdy + ydx,\ d\left(\frac{y}{x}\right) = \frac{xdy - ydx}{x^2},\ d\left(\frac{x}{y}\right) = \frac{ydx - xdy}{y^2} \tag{3.1.10}$$

などを用いて簡単に解ける場合があります．これらの関係式は

$$\frac{d}{dx}\int f(x)dx = f(x),\quad \frac{d}{dx}(xy) = \frac{dx}{dx}y + x\frac{dy}{dx}$$

$$\frac{d}{dx}\left(\frac{y}{x}\right) = \frac{x(dy/dx) - y}{x^2},\quad \frac{d}{dx}\left(\frac{x}{y}\right) = \frac{y - x(dy/dx)}{y^2}$$

に対し形式的に dx をかければ得られます.

式(3.1.9) はたとえば $f(x)$ が x，$\cos x$，e^x のときは

$$xdx = \frac{1}{2}dx^2,\quad \cos x dx = d\sin x,\quad e^x = de^x$$

になります.

以下，式(3.1.9) と式(3.1.10) の使い方を，**Example** を用いて示します.

Example 3.1.2

$(2x-2y+\cos x)dx+(4y-2x+\sin y)dy=0$ を解きなさい．

[Answer]

この方程式は

$$(2x+\cos x)dx+(4y+\sin y)dy-2(ydx+xdy)=0$$

と変形できます．第 1 項と第 2 項はそれぞれ x または y だけしか含んでいないため，

$$(2x+\cos x)dx=2xdx+\cos xdx=d(x^2)+d(\sin x)=d(x^2+\sin x)$$

$$(4y+\sin y)dy=4ydy+\sin ydy=2d(y^2)-d(\cos y)=d(2y^2-\cos y)$$

となります．また，第 3 項は式(3.1.10) から

$$-2(ydx+xdy)=-2d(xy)$$

となります．したがって，もとの式は

$$d(x^2+\sin x)+d(2y^2-\cos y)-2d(xy)=d(x^2+\sin x+2y^2-\cos y-2xy)=0$$

と変形できるため

$$x^2+\sin x+2y^2-\cos y-2xy=C$$

が一般解になります（C：任意定数）．

3.2　積分因子

微分方程式(3.1.2) が完全微分方程式ではない場合でも，すなわち式(3.1.2) の P と Q が関係式(3.1.6) を満足しない場合であっても，式(3.1.2) に関数 $\lambda(x,\ y)$ を掛けた方程式

$$\lambda(x,y)P(x,y)dx+\lambda(x,y)Q(x,y)dy=0 \tag{3.2.1}$$

が完全微分方程式になることがあります．この $\lambda(x,\ y)$ を**積分因子**とよんでいます．例として全微分方程式

$$ydx-xdy=0$$

を考えます．$P=y,\ Q=-x$ であるため，$\partial P/\partial y=1, \partial Q/\partial x=-1$ となり，

上の方程式は完全微分形ではありません．しかし，両辺を y^2 で割った

$$\frac{1}{y}dx - \frac{x}{y^2}dy = 0$$

を考えると，

$$\frac{\partial P}{\partial y} = -\frac{1}{y^2} \quad \frac{\partial Q}{\partial x} = -\frac{1}{y^2}$$

となり，完全微分形になります．したがって，この方程式の積分因子は $1/y^2$ であることがわかります．一方，もとの方程式の両辺を x^2 割ると

$$\frac{y}{x^2}dx - \frac{1}{x}dy = 0$$

となりますが，この場合も

$$\frac{\partial P}{\partial y} = \frac{1}{x^2} \quad \frac{\partial Q}{\partial x} = \frac{1}{x^2}$$

となり，完全微分方程式です．このように，ある微分方程式に対して積分因子はひとつではないことがわかります．

積分因子 λ が満たすべき条件は式(3.2.1) に対して，式(3.1.6) に対応する式を書けば得られます．具体的には

$$\frac{\partial}{\partial y}(\lambda(x,y)P(x,y)) = \frac{\partial}{\partial x}(\lambda(x,y)Q(x,y)) \tag{3.2.2}$$

となります．したがって，この方程式を満たす関数 $\lambda(x,\ y)$ が見つかれば，式(3.2.1) は完全微分方程式になり前節の方法で解が求まります．

式(3.2.2) を展開すると関数 $\lambda(x,\ y)$ に対する 1 階偏微分方程式

$$P\frac{\partial \lambda}{\partial y} - Q\frac{\partial \lambda}{\partial x} = -\lambda\left(\frac{\partial P}{\partial y} - \frac{\partial Q}{\partial x}\right) \tag{3.2.3}$$

が得られます．したがって，積分因子を求めるためには上の偏微分方程式を解けばよいことになります．しかし，偏微分方程式を解くことは常微分方程式を解くことよりも困難であるため，上式から λ を求めることは実用的ではありません．ただし，P, Q が特別な形をしている場合には偏微分方程式は容易に解けて積分因子が求まることがあります．

はじめに，積分因子 λ が x のみの関数であるとします．このとき，

$$\frac{\partial \lambda}{\partial x} = \frac{d\lambda}{dx}, \quad \frac{\partial \lambda}{\partial y} = 0$$

に注意すれば，方程式(3.2.3) は

$$\frac{1}{\lambda}\frac{d\lambda}{dx} = \frac{1}{Q}\left(\frac{\partial P}{\partial y} - \frac{\partial Q}{\partial x}\right)$$

となります．左辺は x のみの関数であるため，このような場合には右辺も x のみの関数である必要があります．そこで右辺を $g(x)$ と書くことにすれば，この方程式は変数分離形の方程式になります．そこで，それを解けば積分因子として

$$\lambda(x) = e^{\int g(x)dx}$$

が得られます．

以上のことをまとめれば

$$\frac{1}{Q}\left(\frac{\partial P}{\partial y} - \frac{\partial Q}{\partial x}\right)$$

が x のみの関数であれば，微分方程式(3.2.1) の 1 つの積分因子は

$$\lambda(x) = \exp\left(\int \frac{1}{Q}\left(\frac{\partial P}{\partial y} - \frac{\partial Q}{\partial x}\right) dx\right) \tag{3.2.4}$$

になります．

Example 3.2.1

次の微分方程式（1 階線形微分方程式）の積分因子を求めなさい．

$$(p(x)y - q(x))dx - dy = 0$$

[Answer]

$P = p(x)y - q(x)$， $Q = -1$ とおけば

$$\frac{1}{Q}\left(\frac{\partial P}{\partial y} - \frac{\partial Q}{\partial x}\right) = -(p(x) - 0) = -p(x)$$

となり，x のみの関数 $p(x)$ になります．したがって積分因子 $\lambda(x)$ は

$$\lambda(x) = e^{-\int p(x)dx}$$

同様に考えれば

$$\frac{1}{P}\left(\frac{\partial P}{\partial y}-\frac{\partial Q}{\partial x}\right)$$

が y のみの関数であれば，微分方程式(3.2.4) の 1 つの積分因子は

$$\lambda(y)=\exp\left(-\int\frac{1}{P}\left(\frac{\partial P}{\partial y}-\frac{\partial Q}{\partial x}\right)dy\right) \tag{3.2.5}$$

になります.

Example 3.2.2

微分方程式 $(x^2+y)dx-xdy$ の積分因子と一般解を求めなさい.

[**Answer**]

$$\frac{1}{Q}\left(\frac{\partial P}{\partial y}-\frac{\partial Q}{\partial x}\right)=-\frac{1}{x}(1-(-1))=-\frac{2}{x}$$

より，

$$\frac{1}{\lambda}\frac{d\lambda}{dx}=-\frac{2}{x}$$

を解いて

$$\lambda(x)=x^{-2}$$

が積分因子になります．もとの方程式に積分因子を掛ければ

$$dx+\frac{ydx-xdy}{x^2}=dx+d\left(-\frac{y}{x}\right)=d\left(x-\frac{y}{x}\right)$$

となるため（式(3.1.10) 参照)，一般解は

$$x-\frac{y}{x}=C \quad すなわち \quad y=x^2-Cx$$

になります.

方程式(3.2.1) は形によっては，**Example 3.1.2** で用いた方法によって簡単に解けることがあります．その場合，以下の関係式(いくつかはすでに前節で示しています) は有用です．

(1) $d(xy) = ydx + xdy$　　(2) $d(x^2 \pm y^2) = 2xdx \pm 2ydy$

(3) $d\left(\dfrac{y}{x}\right) = \dfrac{xdy - ydx}{x^2}$,　$d\left(\dfrac{x}{y}\right) = \dfrac{ydx - xdy}{y^2}$

(4) $d\left(\tan^{-1}\dfrac{y}{x}\right) = \dfrac{xdy - ydx}{x^2 + y^2}$,　$d\left(\tan^{-1}\dfrac{x}{y}\right) = \dfrac{ydx - xdy}{x^2 + y^2}$

(5) $d\left(\dfrac{x-y}{x+y}\right) = \dfrac{2ydx - 2xdy}{(x+y)^2}$,　$d\left(\dfrac{x+y}{x-y}\right) = \dfrac{2xdy - 2ydx}{(x-y)^2}$

(6) $d\left(\log\dfrac{y-x}{y+x}\right) = \dfrac{2xdy - 2ydx}{y^2 - x^2}$

Example を通してこれらの関係式の使い方を示します．

Example 3.2.3

$xdy - ydx - 2y(x^2 + y^2)dy = 0$ の一般解を求めなさい．

[Answer]

両辺を $x^2 + y^2$ で割り，上の関係（4）を用いれば

$$\frac{xdy - ydx}{x^2 + y^2} - 2ydy = d\left(\tan^{-1}\frac{y}{x}\right) - d(y^2) = d\left(\tan^{-1}\frac{y}{x} - y^2\right)$$

となります．したがって，一般解は

$$\tan^{-1}\frac{y}{x} = y^2 + C$$

または

$$x = \frac{y}{\tan(y^2 + C)}$$

となります．

3.3 非正規形

本節では非正規形の方程式の例として主に**クレーローの微分方程式**

$$y = xp + f(p) \tag{3.3.1}$$

を取り扱います．ただし，$p = dy/dx$ です．この方程式を解くためには両辺を x で微分します．その結果，

$$p = p + x\frac{dp}{dx} + \frac{df}{dp}\frac{dp}{dx}$$

すなわち，

$$\frac{dp}{dx}\left(x + \frac{df}{dp}\right) = 0$$

が得られます．このとき次の 2 つの可能性があります．

まず，$dp/dx = 0$ の場合には $x = C$（定数）であり，これを式(3.3.1) に代入して任意定数 C を含む一般解

$$y = Cx + f(C) \tag{3.3.2}$$

が得られます．

一方，$x + df/dp = 0$ の場合には式(3.3.1) を考慮して

$$x = -\frac{df}{dp}, \ y = -p\frac{df}{dp} + f(p) \tag{3.3.3}$$

を，パラメータ p を介した x と y の関係式とみなせば，任意定数を含まない解が得られます．解（3.3.3）は一般解（3.3.2）の任意定数にどのような値を代入しても得られないため**特異解**とよばれます．このように非正規形の方程式は正規形には現れなかった特異解をもつことがあります．

Example 3.3.1

$y = xp + \sqrt{1 + p^2}$ の解を求めなさい．

[Answer]

クレーローの方程式であるため，両辺を x で微分して

$$p = p + x\frac{dp}{dx} + \frac{p}{\sqrt{1 + p^2}}\frac{dp}{dx}$$

が得られます．これより

$$\frac{dp}{dx}=0\text{, または}\quad x=-\frac{p}{\sqrt{1+p^2}}$$

となります．前者から解 $x=C$（C：定数）が求まるので，それを用いて一般解

$$y=Cx+\sqrt{1+C^2} \tag{3.3.4}$$

が得られます．一方，後者の $x=-p/\sqrt{1+p^2}$ をもとの方程式に代入すれば

$$y=-\frac{p}{\sqrt{1+p^2}}p+\sqrt{1+p^2}=\frac{1}{\sqrt{1+p^2}} \tag{3.3.5}$$

となり，この式ともとの方程式から p を消去して

$$x^2+y^2=\frac{p^2}{1+p^2}+\frac{1}{1+p^2}=1$$

が得られます．上式は原点中心の半径 1 の円を表していますが，式(3.3.5) から $y>0$ である必要があるためその上半分だけになります．

なお，円周上の一点 $(c,\ \sqrt{1-c^2}\,)$ における接線の傾きは $-c/\sqrt{1-c^2}$ であるため，その点での接線の方程式は

$$y=-\frac{c}{\sqrt{1-c^2}}(x-c)+\sqrt{1-c^2}=-\frac{c}{\sqrt{1-c^2}}x+\frac{1}{\sqrt{1-c^2}}$$

です．この方程式は $C=-c/\sqrt{1-c^2}$ とおけば

$$y=Cx+\sqrt{1+C^2}$$

になります．これはもとの方程式の一般解 (3.3.4) に一致します．したがって，この場合，特異解は一般解（直線群）のつくる**包絡線**になっていることがわかります．

クレーローの方程式のように非正規形の方程式

$$F(x,y,p)=0 \tag{3.3.6}$$

が p について解きにくいけれども，y について解けて

$$y=f(x,p) \tag{3.3.7}$$

という形に書ける場合には両辺を x で微分すれば，$p=dy/dx$ なので

$$p=\frac{\partial f}{\partial x}+\frac{\partial f}{\partial p}\frac{dp}{dx}$$

すなわち，x を独立変数，p を未知数とする正規形の方程式

$$\frac{dp}{dx}=\frac{p-\partial f/\partial x}{\partial f/\partial p} \tag{3.3.8}$$

が得られます．この方程式の一般解が

$$p=g(x,C)$$

という形で得られればこの式と方程式(3.3.7) から p を消去すれば，もとの方程式の一般解が x と y の関数として得られます．また解が

$$z(x,p,C)=0 \tag{3.3.9}$$

という形で p を消去することが困難な場合であっても，式(3.3.7) と式(3.3.9) をパラメータ p を介した x と y の関数と見なせば一般解になります．

同様に p については解きにくいけれども，x について解ける場合，すなわち

$$x=h(y,\,p) \tag{3.3.10}$$

の場合には，上式を y について微分すると解けることがあります．

Example 3.3.2

$x=p^2-y$ の一般解を求めなさい（$p=dy/dx$）.

[Answer]

両辺を y で微分すれば

$$\frac{1}{p}=2p\frac{dp}{dy}-1$$

すなわち，

$$\frac{dp}{dy}=\frac{p+1}{2p^2}$$

となります．これは変数分離形であり

$$\int\frac{p^2}{p+1}\frac{dp}{dy}dy=\frac{1}{2}\int dy=\frac{y}{2}+C_1$$

（C_1：定数）と書けますが，左辺の積分を実行すれば

$$\int\left(\frac{p^2-1}{p+1}+\frac{1}{p+1}\right)dp=\int\left(p-1+\frac{1}{p+1}\right)dp=\frac{p^2}{2}-p+\log|p+1|$$

となります．したがって，Cを任意定数として

$$p^2 - 2p + \log(p+1)^2 - y = C$$

が得られます．この式はpを含んでいるため，もう一度積分しなければならないように見えますが，実はその必要はありません．なぜなら，もとの方程式

$$p^2 = x + y$$

と組にして考えれば，xとyがパラメータpを通して結びついている式とみなすことができるからです．したがって，pをパラメータとしてここにあげた2つの式が解になります．もちろん，pが簡単に消去できる場合にはpを消去してxとyの関係にしておくと普通の意味での解になります．
この例では$p^2 = x + y$から得られる$p = \pm\sqrt{x+y}$を用いれば，解は

$$x - 2(\pm\sqrt{x+y}) + \log(\pm\sqrt{x+y}+1)^2 = C$$

になります（C：定数）．

Problems　　Chapter 3

1. 次の微分方程式の一般解を求めなさい（完全形）
   (a) $(-5x+2y)dx+(2x+3y)dy=0$
   (b) $(-x^2+y^2)dx+y(2x+y)dy=0$
   (c) $\dfrac{2xdx}{y}-\left(1+\dfrac{x^2}{y^2}\right)dy=0$
   (d) $(\sin y+y\cos x)dx+(\sin x+x\cos y)dy=0$

2. 次の微分方程式の一般解を求めなさい（積分因子）
   (a) $(2x^2-3xy)dx-x^2dy=0$
   (b) $ydx+(-x+y^2\cos y)dy=0$
   (c) $(y-xy^2)dx+(x+x^2y)dy=0$

3. 次の微分方程式($p=dy/dx$）の一般解と特異解を求めなさい（非正規形）
   (a) $y=xp-\dfrac{p^3}{3}$　　(b) $y=xp+\cos p$　　(c) $y=x(p-1)+\dfrac{1}{2}p^2$

4. $p=dy/dx$ とおいたとき

$$p^n+A_1(x,y)p^{n-1}+\cdots+A_{n-1}(x,y)p+A_n(x,y)=0$$

という微分方程式が因数分解できて

$$(p-f_1(x,y))(p-f_2(x,y))\cdots(p-f_n(x,y))=0$$

となったとします．このとき，1 階微分方程式

$$p=f_1(x,y),\quad p=f_2(x,y),\quad \cdots,\quad p=f_n(x,y)$$

の一般解を

$$u_1(x,y,c_1)=0,\quad u_2(x,y,c_2)=0,\quad \cdots,\quad u_n(x,y,c_n)=0$$

とすれば，もとの微分方程式の一般解は

$$u_1(x,y,c_1)u_2(x,y,c_2)\cdots u_n(x,y,c_n)=0$$

となります．このことを利用して次の微分方程式の一般解を求めなさい．

   (a) $x^2p^2+7xyp+6y^2=0$
   (b) $p^3+(x-y)p^2-xyp=0$

Chapter 4

2 階微分方程式

4.1　1 階微分方程式に直せる場合

2 階微分方程式を解く場合には，まず微分方程式の階数を下げます．本節では主として 2 階微分方程式を 1 階微分方程式に書き換える方法を紹介します．

（1）積分形

$$\frac{d^2y}{dx^2} = f(x) \tag{4.1.1}$$

両辺を 1 回積分して

$$\frac{dy}{dx} = \int \frac{d^2y}{dx^2}dx = \int f(x)dx + C_0$$

もう 1 回積分すると

$$y = \int \left(\int f(x)dx \right) dx + C_0x + C_1$$

となります（C_0, C_1 は任意定数）[*1]．

（2）y と dy/dx を含まない場合

$$\frac{d^2y}{dx^2} = f(y) \tag{4.1.2}$$

この方程式は両辺に dy/dx をかけると 1 回積分できます．すなわち

$$\frac{dy}{dx}\frac{d^2y}{dx^2} = f(y)\frac{dy}{dx} \quad より$$

＊1　不定積分の記号は任意定数を含んでいますが、本項と次項では積分定数の個数をはっきりさせるため積分定数を書いています．

$$\frac{1}{2}\frac{d}{dx}\left(\frac{dy}{dx}\right)^2 = f(y)\frac{dy}{dx}$$

したがって，Cを任意定数として

$$\left(\frac{dy}{dx}\right)^2 = 2\int f(y)dy + C$$

すなわち，次の1階微分方程式が得られます.

$$\frac{dy}{dx} = \pm\sqrt{2\int f(y)dy + C} \tag{4.1.3}$$

Example 4.1.1

次の微分方程式を解きなさい.

$$\frac{d^2y}{dx^2} + y = 0$$

[Answer]

両辺にdy/dxをかけて積分すると

$$\left(\frac{dy}{dx}\right)^2 + y^2 = C^2$$

したがって

$$\frac{dx}{dy} = \pm\frac{1}{\sqrt{C^2 - y^2}}$$

もう一度積分して

$$x = \pm\sin^{-1}\frac{y}{C} + D$$

すなわち

$$y = \pm C\sin(x - D) = (\pm C\cos D)\sin x - (\pm C\sin D)\cos x$$

$$= A\sin x + B\cos x$$

（C, D, A, Bは任意定数）

（3）$\boldsymbol{y}$ を含まない場合

$$F\left(x, \frac{dy}{dx}, \frac{d^2y}{dx^2}\right) = 0 \tag{4.1.4}$$

この方程式は $p = dy/dx$ とおけば

$$F\left(x, p, \frac{dp}{dx}\right) = 0$$

となるため，1 階微分方程式になります．

Example 4.1.2

次の微分方程式を解きなさい．

$$x\frac{d^2y}{dx^2} = \frac{dy}{dx}$$

[Answer]

$$p = \frac{dy}{dx} \quad \text{とおけば} \quad x\frac{dp}{dx} = p$$

になります．これは変数分離形の 1 階微分方程式であり，一般解は

$$p = 2Ax$$

になります．さらにこの式を積分して

$y = Ax^2 + B$（ただし，A と B は任意定数）

（4）独立変数を含まない場合

$$F\left(y, \frac{dy}{dx}, \frac{d^2y}{dx^2}\right) = 0 \tag{4.1.5}$$

この場合には，$p = dy/dx$ とおいて，y を独立変数，p を従属変数とみなします．このとき，

$$\frac{d^2y}{dx^2} = \frac{dp}{dx} = \frac{dp}{dy}\frac{dy}{dx} = p\frac{dp}{dy}$$

となるため，これらの関係を式(4.1.5) に代入すれば，1 階微分方程式

$$G\left(y, p, \frac{dp}{dy}\right) = 0$$

が得られます.

Example 4.1.3

次の微分方程式を解きなさい.

$$y\frac{d^2y}{dx^2} + \left(\frac{dy}{dx}\right)^2 + 1 = 0$$

[Answer]

$dy/dx = p$ とおくと

$yp\dfrac{dp}{dy} + p^2 + 1 = 0$ となります．これは変数分離形であり

$$\int \frac{dy}{y} + \int \frac{pdp}{p^2+1} = 0$$

積分を実行して

$$\log|y| + \frac{1}{2}\log(p^2+1) = A$$

すなわち

$$y^2(p^2+1) = C^2$$

したがって

$$p = \frac{dy}{dx} = \pm\frac{\sqrt{C^2-y^2}}{y}$$

もう一度積分して

$$\pm\sqrt{C^2-y^2} = x - D$$

変形して

$$(x-D)^2 + y^2 = C^2$$

ただし A，C，D は任意定数です.

4.2　定数係数線形 2 階微分方程式 その 1

定数係数 2 階線形微分方程式は a, b, c を実定数として

$$a\frac{d^2y}{dx^2}+b\frac{dy}{dx}+cy=f(x) \tag{4.2.1}$$

の形をした方程式です．ここで右辺の関数 $f(x)$ が 0 の場合は**同次形**，$f(x) \neq 0$ の場合を**非同次形**とよんで区別します．はじめに同次形

$$a\frac{d^2y}{dx^2}+b\frac{dy}{dx}+cy=0 \tag{4.2.2}$$

について考えます．

式(4.2.2) の 1 つの特解として

$$y=e^{\lambda x} \tag{4.2.3}$$

を仮定してみます．

$$\frac{dy}{dx}=\lambda e^{\lambda x},\quad \frac{d^2y}{dx^2}=\lambda^2 e^{\lambda x}$$

に注意して，式(4.2.3) を式(4.2.2) に代入すれば

$$(a\lambda^2+b\lambda+c)e^{\lambda x}=0$$

となります．ここで $e^{\lambda x}>0$ であるので，λ の満たすべき方程式として

$$a\lambda^2+b\lambda+c=0 \tag{4.2.4}$$

が得られます．この方程式を**特性方程式**とよびます．

特性方程式は 2 次方程式なので，簡単に解くことができます．そして解を式(4.2.3) に代入すれば微分方程式(4.2.2) の特解が得られます．2 次方程式(4.2.4) の係数からつくった判別式

$$D=b^2-4ac$$

の正負により，その解が以下の 3 つの場合に分類されます．

(a) $D>0$ のとき方程式(4.2.4) は異なる 2 実根をもつ
(b) $D<0$ のとき方程式(4.2.4) は共役 2 複素根をもつ
(c) $D=0$ のとき方程式(4.2.4) は重根をもつ

この中で（c）の場合を除き，２つの異なる特解が得られますが，それらを y_1, y_2 とおけば，

$$y = C_1 y_1 + C_2 y_2 \ (C_1, C_2 : \text{任意定数}) \tag{4.2.5}$$

も微分方程式の解となります．なぜなら式(4.2.5）を式(4.2.2）に代入して y_1, y_2 が式(4.2.2）の解であることを用いれば，

$$\begin{aligned}
&a\frac{d^2}{dx^2}(C_1y_1 + C_2y_2) + b\frac{d}{dx}(C_1y_1 + C_2y_2) + c(C_1y_1 + C_2y_2) \\
&= C_1\left(a\frac{d^2y_1}{dx^2} + b\frac{dy_1}{dx} + cy_1\right) + C_2\left(a\frac{d^2y_2}{dx^2} + b\frac{dy_2}{dx} + cy_2\right) \\
&= C_1 \times 0 + C_2 \times 0 \\
&= 0
\end{aligned}$$

となるからです．式(4.2.2）は２つの任意定数を含んでいるため**一般解**になっています．（c）については解は１つしかないため，もう１つの解を見つける必要がありますが，その求め方については後述します．以下にそれぞれの場合についてもう少し詳しく調べてみます．なお, 以下では $C_1 \sim C_4$ は任意定数です．

（a）$D = b^2 - 4ac > 0$ の場合

この場合は２実根をもつため，それらを λ_1, λ_2 とすれば

$$\lambda_1 = \frac{-b + \sqrt{b^2 - 4ac}}{2a}, \quad \lambda_2 = \frac{-b - \sqrt{b^2 - 4ac}}{2a}$$

となり，一般解は

$$y = C_1 e^{\lambda_1 x} + C_2 e^{\lambda_2 x} \tag{4.2.6}$$

です．

（b）$D = b^2 - 4ac < 0$ の場合

この場合は共役２複素根

$$\lambda_1 = \alpha + i\beta, \quad \lambda_2 = \alpha - i\beta$$

をもちます．ここで

$$\alpha = -\frac{b}{2a}, \quad \beta = \frac{\sqrt{4ac - b^2}}{2a}$$

です．したがって，一般解は

$$\begin{aligned} y &= C_3 e^{(\alpha+i\beta)x} + C_4 e^{(\alpha-i\beta)x} = e^{\alpha x}(C_3 e^{i\beta x} + C_4 e^{-i\beta x}) \\ &= e^{\alpha x}(C_3(\cos\beta x + i\sin\beta x) + C_4(\cos\beta x - i\sin\beta x)) \\ &= e^{\alpha x}(i(C_3 - C_4)\sin\beta x + (C_3 + C_4)\cos\beta x) \end{aligned}$$

になります．ただし，**オイラーの公式**

$$e^{\pm i\theta} = \cos\theta \pm i\sin\theta \tag{4.2.7}$$

を用いました．まとめると $D < 0$ のとき，特性方程式の共役複素根を $\alpha \pm i\beta$ とすれば，一般解は

$$y = e^{\alpha x}(C_1 \sin\beta x + C_2 \cos\beta x) \tag{4.2.8}$$

になります．

（c）$D = b^2 - 4ac = 0$ の場合

この場合は重根 $\lambda = -b/2a$ をもつため，1 つの解は

$$y_1 = e^{-bx/2a}$$

です．もう 1 つの解を求めるため

$$y = u(x)y_1(x) = u(x)e^{-bx/2a} \tag{4.2.9}$$

とおいて，式(4.2.2) に代入します．

$$\frac{dy}{dx} = \frac{du}{dx}y_1 + u\frac{dy_1}{dx}$$

$$\frac{d^2y}{dx^2} = \frac{d^2u}{dx^2}y_1 + 2\frac{du}{dx}\frac{dy_1}{dx} + u\frac{d^2y_1}{dx^2}$$

より，式(4.2.2) の左辺は

$$ay_1\frac{d^2u}{dx^2} + \left(2a\frac{dy_1}{dx} + by_1\right)\frac{du}{dx} + \left(a\frac{d^2y_1}{dx^2} + b\frac{dy_1}{dx} + cy_1\right)u \tag{4.2.10}$$

となりますが，はじめの括弧内は

$$2a\frac{dy_1}{dx} + by_1 = 2a \times \left(-\frac{b}{2a}\right)e^{-bx/2a} + be^{-bx/2a} = 0$$

であり，2 番目の括弧内も y_1 が方程式(4.2.2) の解であることから 0 です．したがって，$d^2u/dx^2 = 0$ から 1 つの解として $u = x$ が求まります．これを

式(4.2.9) に代入して，もとの方程式のもう 1 つの特解は

$$y_2 = xe^{-bx/2a}$$

であることがわかります．以上のことから $D = 0$ の場合の一般解は

$$y = (C_1 + C_2 x)e^{-bx/2a} \tag{4.2.11}$$

になります．まとめると次のようになります．

Point 定数係数微分方程式

$a\dfrac{dy^2}{dx^2} + b\dfrac{dy}{dx} + cy = 0$ の一般解は特性方程式

$$a\lambda^2 + b\lambda + c = 0$$

の解が

1. 2実根 λ_1, λ_2 のとき $y = C_1 e^{\lambda_1 x} + C_2 e^{\lambda_2 x}$
2. 重根のとき $y = (C_1 + C_2 x)e^{-bx/2a}$
3. 共役複素根 $\alpha \pm i\beta$ のとき

$$y = e^{\alpha x}(C_1 \sin \beta x + C_2 \cos \beta x)$$

となります（C_1, C_2：任意定数）．

Example 4.2.1

次の微分方程式を解きなさい．

(1) $\dfrac{d^2y}{dx^2} - \dfrac{dy}{dx} - 6y = 0$

(2) $\dfrac{d^2y}{dx^2} - 4\dfrac{dy}{dx} + 4y = 0$

(3) $\dfrac{d^2y}{dx^2} - 2\dfrac{dy}{dx} + 10y = 0$

[Answer]

(1) 特性方程式は

$$\lambda^2 - \lambda - 6 = (\lambda - 3)(\lambda + 2) = 0$$

です．この方程式の解は $\lambda = 3, -2$ であるため

$$y = C_1 e^{3x} + C_2 e^{-2x}$$

(2) 特性方程式は

$$\lambda^2 - 4\lambda + 4 = (\lambda - 2)^2 = 0$$

です．この方程式の解は $\lambda = 2$（重根）なので

$$y = (C_1 + C_2 x)e^{2x}$$

(3) 特性方程式は

$$\lambda^2 - 2\lambda + 10 = 0$$

です．この方程式の解は $\lambda = 1 + 3i, 1 - 3i$ であるため

$$\begin{aligned} y &= C_3 e^{(1+3i)x} + C_4 e^{(1-3i)x} \\ &= e^x((C_3 + C_4)\cos 3x + i(C_3 - C_4)\sin 3x) \\ &= e^x(C_1 \sin 3x + C_2 \cos 3x) \end{aligned}$$

4.3　定数係数線形2階微分方程式 その2

本節では非同次方程式(4.2.1）の一般解を求めてみます．

具体的な方法を示す前に，非同次方程式の一般解は同次方程式の一般解(4.2.5）に非同次方程式の1つの特解 y_p を加えたもの

$$y = C_1 y_1 + C_2 y_2 + y_p \tag{4.3.1}$$

で表せることに注意します．実際，$y_g = C_1 y_1 + C_2 y_2$ は同次方程式の一般解，y_p は非同次方程式の特解なので

$$a\frac{d^2 y_g}{dx^2} + b\frac{dy_g}{dx} + cy_g = 0$$

$$a\frac{d^2 y_p}{dx^2} + b\frac{dy_p}{dx} + cy_p = f(x)$$

が成り立りますが，これらを加え合わせると

$$a\frac{d^2}{dx^2}(y_g + y_p) + b\frac{d}{dx}(y_p + y_g) + c(y_p + y_g) = f(x)$$

となり，式(4.3.1) が式(4.2.1) の解であることがわかります．しかも式(4.3.1) は任意定数を２つ含んでいるため，一般解です．まとめると

$$(\text{非同次方程式の一般解})=(\text{同次方程式の一般解})+(\text{非同次方程式の特解}) \tag{4.3.2}$$

となります．したがって，以下では非同次方程式の特解の１つを求めることにします．

この場合，同次方程式の１つの特解 y_1 が求まっていれば $y = uy_1$ とおくことにより非同次方程式の解を求めることができます[*2]（**ダランベールの階数降下法**）．実際，$y = uy_1$ を式(4.2.1) に代入すれば，式(4.2.10) を参照して

$$ay_1\frac{d^2u}{dx^2}+\left(2a\frac{dy_1}{dx}+by_1\right)\frac{du}{dx}=f(x) \tag{4.3.3}$$

となります．式(4.2.10) の u の係数が消えているのは y_1 が同次方程式の解であることを使っています．式(4.3.3) は $du/dx = p$ とおけば１階線形微分方程式

$$\frac{dp}{dx}+\frac{1}{ay_1}\left(2a\frac{dy_1}{dx}+by_1\right)p=\frac{f(x)}{ay_1} \tag{4.3.4}$$

になるため，C を任意定数として

$$p\left(=\frac{du}{dx}\right)=a(x)+Cb(x)$$

という形の解をもちます（式(2.5.3) 参照）．これをもう一度積分すると任意定数を２つ含んだ解が得られます．非同次方程式の一般解はこの解に y_1 をかけたものです．

ここで述べた方法は原理的なもので，解は求まりますが必ずしも計算は簡単ではありません．実際には，式(4.2.1) の $f(x)$ の形によって以下に示すような簡便な方法が使えます．

＊２　この方法は定数係数でなくても線形であれば微分方程式の階数にかかわらず使え，階数を１つ下げることができます．

（１）$\boldsymbol{f(x)} = (\boldsymbol{a}_0 + \boldsymbol{a}_1\boldsymbol{x} + \cdots + \boldsymbol{a}_n\boldsymbol{x}^n)\ \boldsymbol{e}^{\alpha x}$

α が特性方程式(4.2.4) の根と一致しなければ

$$y = (b_0 + b_1x + \cdots + b_nx^n)e^{\alpha x} \tag{4.3.5}$$

とおきます．

α が特性方程式の根と一致する場合には次のようにします．もし特性方程式が重根をもたなければ

$$y = x(b_0 + b_1x + \cdots + b_nx^n)e^{\alpha x} \tag{4.3.6}$$

とおき，もつ場合には

$$y = x^2(b_0 + b_1x + \cdots + b_nx^n)e^{\alpha x} \tag{4.3.7}$$

とおきます．これらの方程式を式(4.2.1) に代入して，x のべきを比較して未知の係数 b_0, b_1, $\cdots$, b_nを決めます．

Example 4.3.1

次の微分方程式を解きなさい．

(1) $\dfrac{d^2y}{dx^2} - 3\dfrac{dy}{dx} + 2y = e^x$

(2) $\dfrac{d^2y}{dx^2} - 4\dfrac{dy}{dx} + 4y = e^{2x}(1 - x^2)$

[Answer]

(1) 同次方程式の特性方程式は

$$\lambda^2 - 3\lambda + 2 = (\lambda - 1)(\lambda - 2) = 0$$

となり，この方程式の解は $\lambda = 1,\ 2$ で重根ではありませんが，α と一致します．そこで式(4.2.9) を参考にして $y = b_0xe^x$ とおいてもとの方程式に代入します．

$$\frac{dy}{dx} = b_0e^x + b_0xe^x, \quad \frac{d^2y}{dx^2} = 2b_0e^x + b_0xe^x$$

であるため，

$$2b_0e^x + b_0xe^x - 3(b_0e^x + b_0xe^x) + 2b_0xe^x = -b_0e^x = e^x$$

となります．したがって，$b_0 = -1$ となり，もとの方程式の一般解は次のようになります．

$$y = C_1 e^x + C_2 e^{2x} - x e^x$$

(2) 同次方程式の特性方程式は

$$\lambda^2 - 4\lambda + 4 = (\lambda - 2)^2 = 0$$

となります．この方程式の解は $\lambda = 2$ で重根であり，また α と一致します．したがって，式(4.3.7) から

$$y = x^2(b_0 + b_1 x + b_2 x^2)e^{2x} = (b_0 x^2 + b_1 x^3 + b_2 x^4)e^{2x}$$

とおいて，もとの方程式に代入します．その結果

$$(2b_0 + 6b_1 x + 12b_2 x^2)e^{2x} = (1 - x^2)e^{2x}$$

となるため，

$$b_0 = \frac{1}{2}, \quad b_1 = 0, \quad b_2 = -\frac{1}{12}$$

が得られます．したがって，一般解は

$$y = (C_1 + C_2 x)e^{2x} + \left(\frac{1}{2} - \frac{1}{12}x^2\right)x^2 e^{2x}$$

となります．

（2） $\boldsymbol{f(x) = (a_0 + a_1 x + \cdots + a_n x^n)e^{\alpha x}\cos \beta x}$　または

$\boldsymbol{f(x) = (a_0 + a_1 x + \cdots + a_n x^n)e^{\alpha x}\sin \beta x}$

この場合 $f(x)$ はオイラーの公式によって

$$f(x) = (a_0 + a_1 x + \cdots + a_n x^n)e^{(\alpha + i\beta)x}$$

の実数部または虚数部とみなすことができます．そこで，特性方程式の根と α との関係によって，特解を式(4.3.5)～(4.3.7) の形に仮定してもとの方程式に代入し，cos の場合は実部を，sin の場合には虚部を比較することにより未定の係数を決めます．ただし，この場合の 係数 $b_0 \sim b_n$ は複素数 になります．

（3）$\boldsymbol{f}(\boldsymbol{x}) = \boldsymbol{f}_1(\boldsymbol{x}) + \boldsymbol{f}_2(\boldsymbol{x}) + \cdots + \boldsymbol{f}_m(\boldsymbol{x})$ で $\boldsymbol{f}_1(\boldsymbol{x}),\ \boldsymbol{f}_2(\boldsymbol{x}),\ \cdots,\ \boldsymbol{f}_m(\boldsymbol{x})$ が上に述べた場合

この場合は $f(x)$ のかわりに $f_1(x),\ f_2(x),\ \cdots,\ f_m(x)$ とした方程式の特解 $y_1,\ y_2,\ \cdots,\ y_m$ を求めます．このときもとの方程式の特解は

$$y = y_1 + y_2 + \cdots + y_m$$

になります．

ベクトル関数に対する微分方程式も応用ではよく現われますが，基本的には成分に分けると成分の数だけの微分方程式になることを用います．

Example 4.3.2

次の微分方程式を解きなさい．

$$\frac{d^2\boldsymbol{r}}{dt^2} + 4\frac{d\boldsymbol{r}}{dt} - 5\boldsymbol{r} = e^t\boldsymbol{j}$$

ただし

$$\boldsymbol{r}(t) = x(t)\boldsymbol{i} + y(t)\boldsymbol{j} + z(t)\boldsymbol{k}$$

とします．

[Answer]

この方程式は成分に分ければ３つの方程式

$$\frac{d^2x}{dt^2} + 4\frac{dx}{dt} - 5x = 0$$

$$\frac{d^2y}{dt^2} + 4\frac{dy}{dt} - 5y = e^t$$

$$\frac{d^2z}{dt^2} + 4\frac{dz}{dt} - 5z = 0$$

になります．y に関する方程式だけ非同次ですが，右辺＝0とすれば３つの方程式はすべて同じ形になり，特性方程式は

$$\lambda^2 + 4\lambda - 5 = (\lambda + 5)(\lambda - 1) = 0$$

なので

$$x = a_1e^t + b_1e^{-5t}, \quad y = a_2e^t + b_2e^{-5t}, \quad z = a_3e^t + b_3e^{-5t}$$

という解が求まります（a_1, b_1, a_2, b_2, a_3, b_3 は任意定数）．y に対する非同次方程式の特解 y_p は右辺の e^t が同次方程式の特解と一致するため

$$y_p = (c + dt)e^t$$

とおいて同次方程式に代入すれば

$$y_p'' + 4y_p' - 5y_p = 6de^t = e^t$$

より

$$c = 0, \quad d = 1/6$$

になります．したがって y に関する方程式の一般解は

$$y = a_2 e^t + b_2 e^{-5t} + \frac{1}{6}te^t$$

になります．以上から

$$\boldsymbol{r}(t) = \boldsymbol{a}e^t + \boldsymbol{b}e^{-5t} + \frac{1}{6}te^t\boldsymbol{j}$$

という解が得られます．ただし

$$\boldsymbol{a} = a_1\boldsymbol{i} + a_2\boldsymbol{j} + a_3\boldsymbol{k}, \quad \boldsymbol{b} = b_1\boldsymbol{i} + b_2\boldsymbol{j} + b_3\boldsymbol{k}$$

は任意の定数ベクトルです．

以上をまとめると次のようになります．

Point　非同次定数係数 2 階線形微分方程式の特解

$$a\frac{d^2y}{dx^2} + b\frac{dy}{dx} + cy = (a_0 + a_1x + \cdots + a_nx^n)e^{\alpha x}$$

（α：実数または複素数）

$a\alpha^2 + b\alpha + c \neq 0$ のとき　$y = (b_0 + b_1x + \cdots + b_nx^n)e^{\alpha x}$

$a\alpha^2 + b\alpha + c = 0$ のとき

α が重根でない：$y = x(b_0 + b_1x + \cdots + b_nx^n)e^{\alpha x}$

α が重根　　　：$y = x^2(b_0 + b_1x + \cdots + b_nx^n)e^{\alpha x}$

とおき方程式に代入して $b_0 \sim b_n$ を決めます

Problems　Chapter 4

1. 次の微分方程式の一般解を求めなさい．

(a) $y\dfrac{d^2y}{dx^2}+\left(\dfrac{dy}{dx}\right)^2-4=0$

(b) $(1+x^2)\dfrac{d^2y}{dx^2}-\left(\dfrac{dy}{dx}\right)^2-1=0$

(c) $(y^2-4)\dfrac{d^2y}{dx^2}=y\left(\dfrac{dy}{dx}\right)^2$

2. 次の定数係数の微分方程式の一般解を求めなさい．

(a) $\dfrac{d^2y}{dx^2}-7\dfrac{dy}{dx}+6y=0$

(b) $\dfrac{d^2y}{dx^2}+3\dfrac{dy}{dx}+2y=e^{-x}$

(c) $\dfrac{d^2y}{dx^2}+2\dfrac{dy}{dx}+y=2\cos x$

(d) $\dfrac{d^2y}{dx^2}-\dfrac{dy}{dx}-2y=x^2+1$

3. a，b，c を定数としたとき微分方程式

$$ax^2\frac{d^2y}{dx^2}+bx\frac{dy}{dx}+cy=f(x)$$

（オイラーの微分方程式）について以下の問に答えなさい．

(a) $x=e^t$ とおくことにより

$$a\frac{d^2y}{dt^2}+(a-b)\frac{dy}{dt}+cy=f(t)$$

になることを示しなさい．

(b) $x^2\dfrac{d^2y}{dx^2}+6x\dfrac{dy}{dx}+4y=x^2$ の一般解を求めなさい．

Chapter 5

高階微分方程式

5.1　特殊な形の高階微分方程式

3階以上の導関数を含む微分方程式を高階微分方程式とよぶことにします．高階微分方程式を解く場合には，2階微分方程式の場合と同様，まず微分方程式の階数が下げられるかどうかを考えます．この場合，微分方程式が特殊な形をしていれば，すでに4.1節で述べた2階微分方程式を1階微分方程式に書き換える方法がそのまま使えます．

（1）積分形

$$\frac{d^n y}{dx^n} = f(x) \tag{5.1.1}$$

両辺を n 回積分すれば $C_0, C_1, \cdots, C_{n-1}$ を適当な任意定数として，

$$y = \int\int\cdots\int f(x)dx\cdots dxdx + C_{n-1}x^{n-1} + \cdots + C_1 x + C_0$$

が得られます．ただし右辺の積分は n 回行うものとします．

（2）$\boldsymbol{y}^{(n)}$ が $\boldsymbol{y}^{(n-2)}$ のみの関数の場合

たとえば，4階微分方程式

$$\frac{d^4 y}{dx^4} = -4\frac{d^2 y}{dx^2}$$

には y の4階微分と2階微分しか含まれていません．本項で取り扱う微分方程式は，そのような場合で，一般に

$$\frac{d^n y}{dx^n} = f\left(\frac{d^{n-2} y}{dx^{n-2}}\right) \tag{5.1.2}$$

という形をした微分方程式です．

この方程式は，$d^{n-2}y/dx^{n-2} = p$ とおけば

$$\frac{d^2p}{dx^2} = f(p)$$

と書けます．一方，上の方程式は 2 階微分方程式であり，4.1 節で述べた方法で解けます．得られた p を $n-2$ 回積分すれば解が求まります．

（3）$\boldsymbol{n}$ 階微分方程式で，$\boldsymbol{y, y', \cdots, y^{(k-1)}}$ が含まれない場合

$$x\frac{d^3y}{dx^3} = \frac{d^2y}{dx^2}$$

は 3 階微分方程式ですが，y と y' は含まれていません．このように，k を 1 以上の整数として

$$F\left(x, \frac{d^ky}{dx^k}, \frac{d^{k+1}y}{dx^{k+1}}, \cdots, \frac{d^ny}{dx^n}\right) = 0 \tag{5.1.3}$$

の形の微分方程式を考えます．この方程式は $p = d^ky/dx^k$ とおけば

$$F\left(x, p, \frac{dp}{dx}, \cdots, \frac{d^{n-k}p}{dx^{n-k}}\right) = 0$$

となるため，$n-k$ 階微分方程式になります．解が得られればそれを k 回積分します．

Example 5.1.1

$$x\frac{d^3y}{dx^3} = \frac{d^2y}{dx^2}$$

[Answer]

$d^2y/dx^2 = p$ とおけば 1 階微分方程式

$$x\frac{dp}{dx} = p$$

になります．これは変数分離であり，解は

$$p = \frac{d^2y}{dx^2} = 6C_1x$$

であり，さらに２回積分して

$$y = C_1 x^3 + C_2 x + C_3$$

微分方程式が以下のどれかにあてはまる場合，階数を１つ下げることができます．

（４）$\boldsymbol{x}$ を含まない場合

見かけ上，微分方程式に独立変数が含まれない場合があります．すなわち，x を独立変数とした場合に

$$F\left(y, \frac{dy}{dx}, \frac{d^2y}{dx^2}, \cdots, \frac{d^ny}{dx^n}\right) = 0 \tag{5.1.4}$$

という形をした微分方程式です．

この場合には，$p = dy/dx$ とおいて，y を独立変数，p を従属変数とみなします．このとき，

$$\frac{d^2y}{dx^2} = \frac{dp}{dx} = \frac{dp}{dy}\frac{dy}{dx} = p\frac{dp}{dy}$$

$$\frac{d^3y}{dx^3} = \frac{d}{dx}\left(\frac{d^2y}{dx^2}\right) = \frac{dy}{dx}\frac{d}{dy}\left(p\frac{dp}{dy}\right) = p^2\frac{d^2p}{dy^2} + p\left(\frac{dp}{dy}\right)^2 \tag{5.1.5}$$

$$\cdots$$

となるため，これらの関係を式(5.1.4) に代入すれば，$n-1$ 階方程式

$$G\left(y, \frac{dp}{dy}, \frac{d^2p}{dy^2}, \cdots, \frac{d^np}{dy^n}\right) = 0 \tag{5.1.6}$$

が得られます．

Example 5.1.2

$$\frac{dy}{dx}\frac{d^3y}{dx^3} + \left(\frac{d^2y}{dx^2}\right)^2 - 1 = 0$$

[Answer]

これは３階微分方程式ですが，まず $z = dy/dx$ とおけば

$$z\frac{d^2z}{dx^2} + \left(\frac{dz}{dx}\right)^2 - 1 = 0$$

のように 2 階微分方程式になります．さらに独立変数 x を含まないため，$p = dz/dx$ とおきます．式(5.1.5) から $d^2z/dx^2 = pdp/dz$ であるので，上式は 1 階微分方程式

$$pz\frac{dp}{dz} = 1 - p^2$$

になります．この方程式は変数分離形であるため 2 章で述べたように簡単に解が求まります．具体的には解は

$$1 - p^2 = \pm\frac{1}{(Cz)^2}$$

です．この式を p について解くと

$$p = \frac{dz}{dx} = \frac{\sqrt{C^2z^2 \pm 1}}{Cz}$$

となりますが，これも変数分離形であり，その解は

$$x = \int \frac{Czdz}{\sqrt{C^2z^2 \pm 1}}dz = \frac{1}{C}\sqrt{C^2z^2 \pm 1} + C'$$

です（C，C'：任意定数）．この式を z について解けば

$$z = \frac{dy}{dx} = \sqrt{x^2 + C_1x + C_2} = \sqrt{X^2 + A}\ \left(\text{ただし } X = x + \frac{C_1}{2}, A = C_2 - \frac{C_1^2}{4}\right)$$

となります．ここで公式[*1]

$$\int \sqrt{X^2 + A}dX = \frac{1}{2}\left(X\sqrt{X^2 + A} + A\log|X + \sqrt{X^2 + A}|\right) \quad (A \neq 0)$$

を用いれば一般解として

$$y = \frac{2x + C_1}{4}\sqrt{x^2 + C_1x + C_2} + \frac{4C_2 - C_1^2}{8}\log\left|2x + C_1 + 2\sqrt{x^2 + C_1x + C_2}\right| + C_3$$

が得られます（C_1，C_2，C_3：任意定数）．

＊1　$\int 1\cdot\sqrt{x^2 + A}dx = x\sqrt{x^2 + A} - \int \frac{x^2dx}{\sqrt{x^2 + A}} = x\sqrt{x^2 + A} - \int \sqrt{x^2 + A}dx + A\int \frac{dx}{\sqrt{x^2 + A}}$ と変形し $\int \frac{dx}{\sqrt{x^2 + A}} = \log|x + \sqrt{x^2 + A}|$ を用い，右辺の $\int \sqrt{x^2 + A}dx$ を移項

（5）$\boldsymbol{y}$について同次形

一般に微分方程式

$$F\left(x, y, \frac{dy}{dx}, \cdots, \frac{d^n y}{dx^n}\right) = 0 \tag{5.1.7}$$

において，y を λy という置き換えをおこなったときに，関数 F が

$$F\left(x, \lambda y, \lambda\frac{dy}{dx}, \cdots, \lambda\frac{d^n y}{dx^n}\right) = \lambda^m F\left(x, y, \frac{dy}{dx}, \cdots, \frac{d^n y}{dx^n}\right) \tag{5.1.8}$$

という関係を満たしたとします．このとき，F は y について m 次の同次関数であるとよばれます．

F が y について同次関数の場合には従属変数の変換

$$y = e^z \tag{5.1.9}$$

行うと上記（3）で $k=1$ の場合に帰着します．なぜなら，

$$\frac{dy}{dx} = e^z\frac{dz}{dx}, \quad \frac{d^2y}{dx^2} = e^z\left(\frac{d^2z}{dx^2} + \left(\frac{dz}{dx}\right)^2\right)$$

$$\frac{d^3y}{dx^3} = e^z\left(\frac{d^3z}{dx^3} + 3\frac{dz}{dx}\frac{d^2z}{dx^2} + \left(\frac{dz}{dx}\right)^3\right) \tag{5.1.10}$$

$$\cdots$$

となるため，これらの関係を式(5.1.7) に代入すれば

$$F\left(x, y, \frac{dy}{dx}, \cdots, \frac{d^n y}{dx^n}\right) = F\left(x, e^z, e^z\frac{dz}{dx}, e^z\left(\frac{d^2z}{dx^2} + \left(\frac{dz}{dx}\right)^2\right), \cdots,\right)$$

$$= e^{mz}F\left(x, 1, \frac{dz}{dx}, \frac{d^2z}{dx^2} + \left(\frac{dz}{dx}\right)^2, \frac{d^3z}{dx^3} + 3\frac{dz}{dx}\frac{d^2z}{dx^2} + \left(\frac{dz}{dx}\right)^3, \cdots\right) = 0$$

となります．この方程式を整理すれば

$$G\left(x, \frac{dz}{dx}, \cdots, \frac{d^n z}{dx^n}\right) = 0$$

という形になるため，従属変数 z が陽に含まれない形になります．したがって，$dz/dx = p$ とおけば $n-1$ 階の微分方程式になります．

（6）$\boldsymbol{x}$ について同次形

微分方程式(5.1.7)，すなわち

$$F\left(x, y, \frac{dy}{dx}, \cdots, \frac{d^n y}{dx^n}\right) = 0$$

において，独立変数 x を μx で置き換えたとします．このとき微係数は

$$\frac{dy}{dx} \to \frac{1}{\mu}\frac{dy}{dx}, \quad \frac{d^2y}{dx^2} \to \frac{1}{\mu^2}\frac{d^2y}{dx^2}, \cdots$$

と変換されます．この変換を行った場合に，関数 F が

$$F\left(\mu x, y, \frac{1}{\mu}\frac{dy}{dx}, \frac{1}{\mu^2}\frac{d^2y}{dx^2}, \cdots, \frac{1}{\mu^n}\frac{d^n y}{dx^n}\right) = \mu^m F\left(x, y, \frac{dy}{dx}, \frac{d^2y}{dx^2}, \cdots, \frac{d^n y}{dx^n}\right)$$

という関係を満たしたとします．このとき，関数 F は x について m 次の同次関数であるとよばます．このとき，以下に示すように独立変数の変換

$$x = e^t \tag{5.1.11}$$

により微分方程式の階数を下げることができます．

実際，

$$\frac{dy}{dx} = \frac{dy}{dt}\Big/\frac{dx}{dt} = \frac{1}{e^t}\frac{dy}{dt}$$

$$\frac{d^2y}{dx^2} = \frac{d}{dt}\left(e^{-t}\frac{dy}{dt}\right)\Big/\frac{dx}{dt} = \frac{1}{e^{2t}}\left(\frac{d^2y}{dt^2} - \frac{dy}{dt}\right)$$

$$\frac{d^3y}{dx^3} = \frac{d}{dt}\left(e^{-2t}\left(\frac{d^2y}{dt^2} - \frac{dy}{dt}\right)\right) = e^{-3t}\left(\frac{d^3y}{dt^3} - 3\frac{d^2y}{dt^2} + 2\frac{dy}{dt}\right)$$

$$\cdots$$

であるので，これらをもとの微分方程式(5.1.7) に代入して

$$F\left(x, y, \frac{dy}{dx}, \cdots, \frac{d^n y}{dx^n}\right) = F\left(e^t, y, \frac{1}{e^t}\frac{dy}{dt}, \frac{1}{e^{2t}}\left(\frac{d^2y}{dt^2} - \frac{dy}{dt}\right), \cdots\right)$$

$$= e^{mt}F\left(1, y, \frac{dy}{dt}, \frac{d^2y}{dt^2} - \frac{dy}{dt}, \cdots\right) = 0$$

となります．この方程式は

$$G\left(y, \frac{dy}{dt}, \cdots, \frac{d^n y}{dt^n}\right) = 0$$

と変形できますが，独立変数を陽に含まないため，（４）に帰着されます．

5.2　定数係数高階微分方程式

定数係数 n 階線形微分方程式とは a_0, a_1, $\cdots$, a_{n-1}, a_n を実定数として

$$a_0 \frac{d^n y}{dx^n} + a_1 \frac{d^{n-1} y}{dx^{n-1}} + \cdots + a_{n-1} \frac{dy}{dx} + a_n y = f(x) \tag{5.2.1}$$

のことを指します．$n = 2$ の場合はすでに 4.2 節で述べています．そのときと同様に右辺の関数 $f(x)$ が 0 の場合は同次形，$f(x) \neq 0$ の場合を非同次形とよんで区別します．なお，n 階であっても 2 階の場合とほぼ同じ手続きで解を求めることができます．

4.2 節と同様，まず同次形

$$a_0 \frac{d^n y}{dx^n} + a_1 \frac{d^{n-1} y}{dx^{n-1}} + \cdots + a_{n-1} \frac{dy}{dx} + a_n y = 0 \tag{5.2.2}$$

ついて考えてみます．式(5.2.2）の一つの特解として

$$y = e^{\lambda x}$$

を仮定して，式(5.2.2）に代入して $e^{\lambda x} > 0$ で割れば，λ の満たすべき方程式として

$$P(\lambda) = a_0 \lambda^n + a_1 \lambda^{n-1} + \cdots + a_{n-1} \lambda + a_n = 0 \tag{5.2.3}$$

が得られます．この方程式(特性方程式）は n 次方程式なので，複素数の範囲で解をもちます．すなわち，式(5.2.3）の左辺は$(\lambda - \alpha)^m$，$(\lambda^2 + p\lambda + q)^k$の因子をもちます．ここで α，p, q は実数ですが，α を複素数まで拡張すれば $(\lambda - \alpha)^m$ で代表させることができます．このとき，λ は m 重根($m = 1$を含む）になりますが，それに対応する，もとの微分方程式の一般解は

$$(b_0 + b_1 x + \cdots + b_{m-1} x^{m-1}) e^{\alpha x} \tag{5.2.4}$$

となります．特性方程式の各因子に対し式(5.2.4）をつくり，それらを足し合わせたものが式(5.2.2）の一般解です．なお，α が複素数 $\gamma + i\beta$ のときはその共役複素数 $\gamma - i\beta$ の因子も持つためこれらを組にしてオイラーの公式を利用すると

$$(b_0 + b_1 x + \cdots + b_{m-1} x^{m-1}) e^{\gamma x} \sin \beta x \tag{5.2.5}$$

$$(c_0 + c_1 x + \cdots + c_{m-1} x^{m-1}) e^{\gamma x} \cos \beta x \tag{5.2.6}$$

の形の解になります．

非同次方程式(5.2.1）の一般解を求めるためには，非同次方程式の特解を何らかの方法でひとつ求めます．このとき，2階微分方程式の場合と同じく，同次方程式の一般解と非同次方程式の特解を足したものが非同次方程式の一般解になります．

$f(x)$が任意に与えられたとき，特解を求める一般的な方法はありませんが，$f(x)$が特殊な関数のときは以下のようにして特解を計算します．

（a）$f(x) = Ae^{\alpha x}$ の場合

特性方程式(5.2.3）を

$$P(\lambda) = (\lambda - \alpha)^m G(\lambda)$$

と書きます．ここで，もし $G(\alpha) = 0$ であれば m を増やせばよいので $G(\alpha) \neq 0$ とします．したがって，α が特性方程式の根でない場合には $m = 0$ で，$m \neq 0$ ならば m 重根ということになります．このとき，非同次方程式(5.2.1）の特解は

$$y = \frac{A}{G(\alpha) m!} x^m e^{\alpha x} \tag{5.2.7}$$

となります．なお，$\alpha = \gamma + i\beta$ であれば，実数部や虚数部を考えることにより $f(x) = Ae^{\gamma} \cos \beta x$、$f(x) = Ae^{\gamma} \sin \beta x$ に対してもこの方法が使えます．

（b）$f(x)$が m 次式の場合

y を m 次式 $y = c_0 x^m + \cdots + c_{m-1} x + c_m$ と仮定してもとの微分方程式に代入して，未定の係数 $c_0, c_1, \cdots, c_m$ を決めます．ただし，もとの微分方程式(5.2.1）において，$a_n = 0$ であれば y は $m+1$ 次式，$a_{n-1} = a_n = 0$ であれば y は $m+2$ 次式(以下，同様）とします．

Example 5.2.1

次の微分方程式の一般解を求めなさい．

$$\frac{d^3y}{dx^3}+3\frac{d^2y}{dx^2}+2\frac{dy}{dx}=x^2$$

[answer]

まず，右辺を 0 とした同次方程式の一般解を求めるため，$y=e^{\lambda x}$ を仮定すれば，特性方程式

$$\lambda^3+3\lambda^2+2\lambda=\lambda(\lambda+1)(\lambda+2)=0$$

が得られます．したがって，$\lambda=0,-1,-2$ となります．次に非同次方程式の特解を求めるために $y=ax^3+bx^2+cx$（もとの方程式に y がないため）を代入すると

$$6a+3(6ax+2b)+2(3ax^2+2bx+c)$$
$$=6ax^2+(18a+4b)x+6a+6b+2c=x^2$$

となります．したがって，$6a=1,\ 18a+4b=0,\ 6a+6b+2c=0$ より $a=1/6,\ b=-3/4,\ c=7/4$ が得られます．以上のことから一般解は次のようになります．

$$y=C_1+C_2e^{-x}+C_3e^{-2x}+\frac{1}{6}x^3-\frac{3}{4}x^2+\frac{7}{4}x$$

（c） $f(x)=e^{\alpha x}\times$（m 次式）の場合

少し計算は面倒ですが $y=e^{\alpha x}(c_0x^m+\cdots+c_{m-1}x+c_m)$ と仮定（α が特性方程式の k 乗根の場合はこの式に x^k をかけたものを仮定）してもとの微分方程式に代入して，未定の係数 $c_0,c_1,\cdots,c_m$ を決めます．なお，同次方程式に y などを含まない場合は m 次式の代わりに $m+1$ 次式にするなど（b）と同様な取扱いをします．

Problems　　Chapter 5

1. 次の微分方程式の一般解を求めなさい.

$$\frac{d^3y}{dx^3} = x - \sin x$$

2. 次の微分方程式の一般解を求めなさい.

$$4\frac{d^4y}{dx^4} = \frac{d^2y}{dx^2}$$

3. 次の微分方程式の一般解を求めなさい.

$$\frac{d^3y}{dx^3} = 2\frac{d^2y}{dx^2}$$

4. 次の微分方程式の一般解を求めなさい.

$$\frac{d^2y}{dx^2} - 2\left(\frac{dy}{dx}\right)^2 - y^2 = 0$$

5. 次の微分方程式の一般解を求めなさい.

(a) $\dfrac{d^3y}{dx^3} - 6\dfrac{d^2y}{dx^2} + 5\dfrac{dy}{dx} = 0$

(b) $\dfrac{d^4y}{dx^4} - 16y = 0$

6. 次の微分方程式の一般解を求めなさい.

(a) $\dfrac{d^3y}{dx^3} - 3\dfrac{d^2y}{dx^2} + 4y = e^{-2x}$

(b) $\dfrac{d^3y}{dx^3} + y = x^3 + x$

Chapter 6

級数解法

本章では微分方程式の**級数解法**について述べます．これは解を無限級数の形に仮定してもとの方程式に代入して，方程式を満足するように未定の係数を決める方法です．この方法はすべての微分方程式に適用できるわけではありませんが，方程式によっては非常に有力な方法になります．また，特別な技巧は必要ではなく機械的に計算できるという利点もあります．

6.1　級数解法の例

ごく簡単な 1 階微分方程式

$$\frac{dy}{dx} = y \tag{6.1.1}$$

を例にとります．級数解法では解をまず

$$y = \sum_{n=0}^{\infty} a_n x^n = a_0 + a_1 x + a_2 x^2 + \cdots \tag{6.1.2}$$

の形に仮定します．式(6.1.2)を（項別微分が可能と仮定して）微分すると

$$\frac{dy}{dx} = \sum_{n=1}^{\infty} n a_n x^{n-1} = a_1 + 2a_2 x + \cdots$$

となりますが，係数を決める上で比較しやすいように上式の総和記号の中の x のベキが n からはじまるように

$$\frac{dy}{dx} = \sum_{n=1}^{\infty} n a_n x^{n-1} = \sum_{n=0}^{\infty} (n+1)\, a_{n+1} x^n \tag{6.1.3}$$

と変形しておきます．式(6.1.3)と式(6.1.2)から

$$\begin{aligned}\frac{dy}{dx} - y &= \sum_{n=0}^{\infty} (n+1) a_{n+1} x^n - \sum_{n=0}^{\infty} a_n x^n \\ &= \sum_{n=0}^{\infty} \{(n+1) a_{n+1} - a_n\} x^n = 0\end{aligned}$$

となります．この式が任意の x について成り立つためには，x のベキの係数が 0 である必要があります．したがって，$n = 0,1,2,\cdots$ に対して

$$(n+1)a_{n+1} - a_n = 0 \quad \text{または} \quad a_{n+1} = \frac{1}{n+1}a_n$$

が成り立ちます．すなわち，

$$a_n = \frac{1}{n}a_{n-1} = \frac{1}{n(n-1)}a_{n-2} = \cdots = \frac{1}{n!}a_0 \tag{6.1.4}$$

となります．この式を式(6.1.2) に代入すれば

$$y = a_0 \sum_{n=0}^{\infty} \frac{1}{n!}x^n = a_0\left(1 + \frac{1}{1!}x + \frac{1}{2!}x^2 + \cdots\right) \tag{6.1.5}$$

となります（$0! = 1$）．a_0 はこの方法では任意にとることができますが，これがもとの方程式の一般解に現れる任意定数になります．

一般にベキ級数の**収束半径** r は

$$r = \frac{1}{\overline{\lim_{n\to\infty}}\, |a_n|^{1/n}} \tag{6.1.6}$$

から計算できますが，

$$r = \lim_{n\to\infty}\left|\frac{a_n}{a_{n+1}}\right| \tag{6.1.7}$$

が存在する場合にはこの式から収束半径を求めることもできます．今の場合は式(6.1.7) を用いて

$$r = \lim_{n\to\infty}\frac{1}{n!}(n+1)! = \lim_{n\to\infty}(n+1) = \infty$$

となるので，すべての x に対して収束します．

e^x のマクローリン展開から式(6.1.5) は

$$y = a_0 e^x$$

と書けます．もちろん，この解は式(6.1.5) を変数分離法で解いた結果と一致します．

次に 2 階線形微分方程式の簡単な例として微分方程式

$$\frac{d^2y}{dx^2} + \omega^2 y = 0 \tag{6.1.8}$$

の解を級数解法で求めてみます．解として式(6.1.2) を仮定します．式(6.1.3)

をもう一度微分して

$$\frac{d^2y}{dx^2}=\sum_{n=2}^{\infty}n(n-1)a_nx^{n-2}=\sum_{n=0}^{\infty}(n+2)(n+1)a_{n+2}x^n$$

となります．この場合も，係数の比較がしやすいように総和の中のベキが n になるように式を変形しています．式(6.1.2) と上式を式(6.1.7) に代入すると

$$\begin{aligned}\frac{d^2y}{dx^2}+\omega^2y&=\sum_{n=0}^{\infty}(n+2)(n+1)a_{n+2}x^n+\omega^2\sum_{n=0}^{\infty}a_nx^n\\&=\sum_{n=0}^{\infty}\{(n+2)(n+1)a_{n+2}+\omega^2a_n\}x^n=0\end{aligned}$$

となります．この式が任意の x に対して成り立つためには x のベキの係数が 0，すなわち

$$(n+2)(n+1)a_{n+2}+\omega^2a_n=0,\quad \text{または}\quad a_{n+2}=-\frac{\omega^2}{(n+2)(n+1)}a_n$$

である必要があります．したがって，

$$a_2=-\frac{\omega^2}{2\cdot 1}a_0=-\frac{\omega^2}{2!},\quad a_4=-\frac{\omega^2}{4\cdot 3}a_2=\frac{\omega^4}{4\cdot 3\cdot 2\cdot 1}a_0=\frac{\omega^4}{4!}a_0,$$
$$\cdots,a_{2n}=\frac{(-1)^n\omega^{2n}}{(2n)!}a_0$$

$$a_3=-\frac{\omega^2}{3\cdot 2}a_1=-\frac{\omega^2}{3!},\quad a_5=-\frac{\omega^4}{5\cdot 4}a_3=\frac{\omega^4}{5\cdot 4\cdot 3\cdot 2}a_0=\frac{\omega^4}{5!}a_0,$$
$$\cdots,a_{2n+1}=\frac{(-1)^n\omega^{2n}}{(2n+1)!}a_1$$

となります．これらを式(6.1.2) に代入すれば

$$\begin{aligned}y&=\sum_{n=0}^{\infty}a_nx^n=\sum_{n=0}^{\infty}a_{2n}x^{2n}+\sum_{n=0}^{\infty}a_{2n+1}x^{2n+1}\\&=a_0\sum_{n=0}^{\infty}\frac{(-1)^n}{(2n)!}(\omega x)^{2n}+\frac{a_1}{\omega}\sum_{n=0}^{\infty}\frac{(-1)^n}{(2n+1)!}(\omega x)^{2n+1}\\&=a_0\left(1-\frac{1}{2!}(\omega x)^2+\frac{1}{4!}(\omega x)^4-\cdots\right)\\&\quad+\frac{a_1}{\omega}\left(\omega x-\frac{1}{3!}(\omega x)^3+\frac{1}{5!}(\omega x)^5-\cdots\right)\end{aligned}$$

となります．各級数の収束半径はこの例でも無限大です．また，この解には任意に決めることができる定数 a_0,a_1 があるため，もとの 2 階微分方程式の一般解になっています．なお，$\cos\theta$ と $\sin\theta$ のマクローリン展開

$$\cos\theta = 1 - \frac{1}{2!}\theta^2 + \frac{1}{4!}\theta^4 - \frac{1}{6!}\theta^6 + \cdots$$

$$\sin\theta = \theta - \frac{1}{3!}\theta^3 + \frac{1}{5!}\theta^5 - \frac{1}{7!}\theta^7 + \cdots$$

を用いれば，$\theta = \omega x$ として一般解は

$$y = a_0 \cos\omega x + \frac{a_1}{\omega}\sin\omega x$$

と書けます（a_0,a_1 は任意定数）．

以上の 2 つの例では，無限級数の形で解が求まり，収束半径も無限大であり，しかもその無限級数を既知の関数で表すことができました．しかし，このような場合はむしろ例外で，無限級数が既知の関数で表せなかったり，収束半径に制限がつく場合がふつうです．さらに式(6.1.2) の形の解をもたない場合もあります．

このような例として次の 1 階微分方程式

$$x\frac{dy}{dx} = x + y \tag{6.1.9}$$

を取り上げます．解を式(6.1.2) に仮定して式(6.1.9) に代入すれば，式(6.1.3) を参照して

$$\begin{aligned}
x\frac{dy}{dx} - y - x &= x\sum_{n=1}^{\infty} n a_n x^{n-1} - \sum_{n=0}^{\infty} a_n x^n - x \\
&= \sum_{n=1}^{\infty} n a_n x^n - a_0 - \sum_{n=1}^{\infty} a_n x^n - x \\
&= a_1 x + \sum_{n=2}^{\infty} n a_n x^n - a_0 - a_1 x - \sum_{n=2}^{\infty} a_n x^n - x \\
&= -a_0 - x + \sum_{n=2}^{\infty}(n-1)a_n x^n = 0
\end{aligned}$$

となります（総和の形にまとめやすいように，総和は $n = 2$ からはじめています）．ところが，この式は任意の x に対して成り立ちません．このことは方

程式(6.1.9) が式(6.1.2) の形の解をもたないことを意味しています.

式(6.1.9) は両辺を x で割れば 1 階線形微分方程式

$$\frac{dy}{dx}-\frac{y}{x}=1$$

となります. したがって, その解は式(2.4.3) から

$$y=e^{\int(1/x)dx}\left(\int e^{-\int(1/x)dx}dx+C\right)=x\left(\int\frac{1}{x}dx+C\right)=x\log|x|+Cx$$

となります. この式には $\log|x|$が含まれており, 確かに式(6.1.2) の形には書くことができません.

6.2 線形 2 階微分方程式の級数解法

本節では応用上重要な変数係数の同次形の**線形 2 階微分方程式**

$$\frac{d^2y}{dx^2}+p(x)\frac{dy}{dx}+q(x)y=0 \tag{6.2.1}$$

の級数解法を考えます.

言葉の定義からはじめます. ある関数 $f(x)$が点 $x=\alpha$ で何回も微分できて連続であるならば, この関数は点 $x=\alpha$ において**解析的**であるといいます. このとき関数 $f(x)$は点 $x=\alpha$ のまわりで**テイラー展開**できて

$$f(x)=\sum_{n=0}^{\infty}a_n(x-\alpha)^n=a_0+a_1(x-\alpha)+a_2(x-\alpha)^2+\cdots \tag{6.2.2}$$

と書くことができます. 関数 $f(x)$が点 $x=\alpha$ で解析的でないときはその点で特異であるとよび, 点 $x=\alpha$ を**特異点**といいます.

微分方程式(6.2.1) において, 関数 $p(x)$, $q(x)$が点 $x=\alpha$ で解析的ならば, 点 $x=\alpha$ は微分方程式(6.2.1) の**通常点**とよびます. また, $p(x)$と $q(x)$のどちらか, あるいは両方で特異であれば, 微分方程式の特異点といいます. さらに, 点 $x=\alpha$ が特異点であっても

$$(x-\alpha)p(x),\quad (x-\alpha)^2q(x)$$

が通常点であるならば, 点 $x=\alpha$ は微分方程式(6.2.2) の**確定特異点**といいます.

たとえば微分方程式

$$\frac{d^2y}{dx^2}+\frac{1}{x}\frac{dy}{dx}+\left(1-\frac{1}{x^2}\right)y=0$$

において，$x=0$ は確定特異点になります．

以上のような言葉の定義のもとで線形 2 階微分方程式(6.2.1) に対して次の事実が知られています．

（a）点 $x=\alpha$ が関数 $p(x)$ と $q(x)$ の通常点であるならば，方程式(6.2.1) は

$$y=\sum_{n=0}^{\infty}a_n(x-\alpha)^n=a_0+a_1(x-\alpha)+a_2(x-\alpha)^2+\cdots \tag{6.2.3}$$

の形の解が 2 つあり，それらは 1 次独立である．

（b）点 $x=\alpha$ が関数 $p(x)$ と $q(x)$ の確定特異点であるならば，方程式(6.2.1) は

$$\begin{aligned}y&=(x-\alpha)^{\lambda}\sum_{n=0}^{\infty}a_n(x-\alpha)^n\\&=(x-\alpha)^{\lambda}\{a_0+a_1(x-\alpha)+a_2(x-\alpha)^2+\cdots\}\end{aligned} \tag{6.2.4}$$

（ただし $a_0\neq 0$）の形の解をもつ．

（b）について，具体的な λ の値の求め方や解の **1 次独立性**などについては以下に議論します．計算を簡単にするため，$\alpha=0$ すなわち $x=0$ が確定特異点である場合を考えます．$\alpha\neq 0$ の場合も同様です．

$x=0$ が $p(x)$ と $q(x)$ の確定特異点であるため，$xp(x)$ と $x^2q(x)$ に対しては通常点です．このとき，$xp(x)$ と $x^2q(x)$ は x のベキ級数に展開できます（**マクローリン展開**）．すなわち，

$$xp(x)=p_0+p_1x+p_2x^2+\cdots \tag{6.2.5}$$

$$x^2q(x)=q_0+q_1x+q_2x^2+\cdots \tag{6.2.6}$$

となります．これらの式を $p(x)$ と $q(x)$ について解いた式と

$$y=x^{\lambda}(a_0+a_1x+a_2x^2+\cdots)\quad(a_0\neq 0) \tag{6.2.7}$$

および

$$\frac{dy}{dx} = a_0 \lambda x^{\lambda-1} + a_1(\lambda+1)x^{\lambda} + \cdots \tag{6.2.8}$$

$$\frac{d^2y}{dx^2} = a_0 \lambda(\lambda-1)x^{\lambda-2} + a_1(\lambda+1)\lambda x^{\lambda-1} + \cdots \tag{6.2.9}$$

を方程式(6.2.1) に代入して整理すれば

$$a_0\{\lambda(\lambda-1) + p_0\lambda + q_0\}x^{\lambda-2}$$
$$+\{a_1(\lambda+1)\lambda + p_0(\lambda+1) + q_0 \ + a_0(p_1\lambda + q_1)\}\, x^{\lambda-1} + \cdots = 0$$

が得られます．この式が任意の x について成立するためには

$$a_0\{\lambda(\lambda-1) + p_0\lambda + q_0\} = 0$$

が成り立つことが必要になります．$a_0 \neq 0$ であるため上式は λ に関する 2 次方程式

$$\lambda^2 + (p_0 - 1)\lambda + q_0 = 0 \tag{6.2.10}$$

であり, この方程式を解くことにより λ の値が定まります．2 次方程式(6.2.10) を**決定方程式**とよんでいます.

証明は行いませんが，決定方程式の根を λ_1 と λ_2 としたとき，以下の事実が知られています.

（a）式(6.2.10) の 2 根が等しくなくて，さらに 2 根の差が整数でないとき，すなわち

$$\lambda_1 \neq \lambda_2 \quad \text{かつ} \quad \lambda_1 - \lambda_2 \neq \text{整数}$$

の場合には 2 階微分方程式(6.2.1) の 2 つの 1 次独立な解は次式で与えられる.

$$y_1(x) = x^{\lambda_1} \sum_{n=0}^{\infty} a_n x^n, \ \ y_2(x) = x^{\lambda_2} \sum_{n=0}^{\infty} b_n x^n \tag{6.2.11}$$

(ただし $a_0 \neq 0$, $b_0 \neq 0$)

（b）式(6.2.10) の 2 根が等しいかまたは 2 根の差が整数であるとき,
すなわち

$$\lambda_1 = \lambda_2 \quad \text{または} \quad \lambda_1 - \lambda_2 = \text{整数}$$

の場合には，2 階微分方程式(6.2.1) は次の形の 2 つの 1 次独立な解をもつ.

$$y_1(x)=x^{\lambda_1}\sum_{n=0}^{\infty}a_nx^n,\quad y_2(x)=x^{\lambda_2}\sum_{n=0}^{\infty}b_nx^n+Cy_1(x)\log|x| \tag{6.2.12}$$

Example 6.2.1

$$4x\frac{d^2y}{dx^2}+2\frac{dy}{dx}+y=0$$

[Answer]

この方程式は両辺を x で割ると $x=0$ が確定特異点であることがわかります．したがって，

$$y=\sum_{n=0}^{\infty}a_nx^{n+\lambda}\left(=\sum_{n=1}^{\infty}a_{n-1}x^{n+\lambda-1}\right)$$

とおいて，与式に代入します．このとき，

$$\frac{dy}{dx}=\sum_{n=0}^{\infty}a_n(n+\lambda)x^{n+\lambda-1}$$

$$\frac{d^2y}{dx^2}=\sum_{n=0}^{\infty}a_n(n+\lambda)(n+\lambda-1)x^{n+\lambda-2}$$

であるため

$$\begin{aligned}&4x\frac{d^2y}{dx^2}+2\frac{dy}{dx}+y\\&=\sum_{n=0}^{\infty}4a_n(n+\lambda)(n+\lambda-1)x^{n+\lambda-1}+\sum_{n=0}^{\infty}2a_n(n+\lambda)x^{n+\lambda-1}+\sum_{n=1}^{\infty}a_{n-1}x^{n+\lambda-1}\\&=2a_0\{2\lambda(\lambda-1)+\lambda\}x^{\lambda-1}+\sum_{n=1}^{\infty}\{2(n+\lambda)(2n+2\lambda-1)a_n+a_{n-1}\}x^{n+\lambda-1}=0\end{aligned}$$

となります．したがって，決定方程式として，

$$2\lambda(\lambda-1)+\lambda=\lambda(2\lambda-1)=0$$

が得られ，また係数間の関係として，

$$a_n=-\frac{1}{2(n+\lambda)(2n+2\lambda-1)}a_{n-1}\quad(n=1,2,\cdots) \tag{6.2.13}$$

が得られます．決定方程式を解けば，$\lambda=0$ および $\lambda=1/2$ となるため，まず $\lambda=0$ の場合を考えます．このとき，式(6.2.13) は

$$a_n = -\frac{1}{2n(2n-1)}a_{n-1} = (-1)^2\frac{1}{2n(2n-1)}\frac{1}{(2n-2)(2n-3)}a_{n-2} = \cdots$$
$$= (-1)^n\frac{1}{2n(2n-1)}\frac{1}{(2n-2)(2n-3)}\cdots\frac{a_0}{2\cdot 1} = \frac{(-1)^n}{(2n)!}a_0$$

となるため，解として

$$y_1 = a_0\sum_{n=0}^{\infty}\frac{(-1)^n}{(2n)!}x^n = a_0\sum_{n=0}^{\infty}\frac{(-1)^n}{(2n)!}(\sqrt{x})^{2n} = a_0\cos\sqrt{x}$$

が求まります．同様に，$\lambda = 1/2$ のとき，式(6.2.13) は

$$a_n = -\frac{1}{(2n+1)(2n)}a_{n-1} = (-1)^2\frac{1}{(2n+1)(2n)}\frac{1}{(2n-1)(2n-2)}a_{n-2} = \cdots$$
$$= (-1)^n\frac{1}{(2n+1)(2n)}\frac{1}{(2n-1)(2n-2)}\cdots\frac{1}{3\cdot 2}a_0 = \frac{(-1)^n}{(2n+1)!}a_0$$

となるため，解は

$$y_2 = \sum_{n=0}^{\infty}\frac{(-1)^n}{(2n+1)!}x^{n+1/2} = \sum_{n=0}^{\infty}\frac{(-1)^n}{(2n+1)!}(\sqrt{x})^{2n+1} = a_0\sin\sqrt{x}$$

となります．これらの解を用いれば，一般解は

$$y = C_1\sin\sqrt{x} + C_2\cos\sqrt{x}$$

となります（C_1，C_2：任意定数）．

Example 6.2.2

$$x\frac{d^2y}{dx^2} - y = 0$$

[Answer]

この場合も $x = 0$ は確定特異点になるため，解を

$$y = \sum_{n=0}^{\infty}a_n x^{n+\lambda}$$

の形に仮定し，方程式に代入して整理すれば

$$\lambda(\lambda-1)a_0x^{\lambda-1} + \sum_{n=1}^{\infty}\{(n+\lambda-1)(n+\lambda)a_n - a_{n-1}\}x^{n+\lambda} = 0$$

となります．したがって，決定方程式および係数間の関係は

$$\lambda(\lambda-1)=0$$
$$(n+\lambda)(n+\lambda-1)a_n = a_{n-1} \tag{6.2.14}$$

となります．$\lambda=0$ のとき，式(6.2.14) は

$$n(n-1)a_n = a_{n-1}$$

となりますが, $n=1$ のとき, $a_0=0$ となり, $a_0 \neq 0$ と矛盾します. いいかえれば, このような形の解はもちません.

次に $\lambda=1$ のときは

$$a_1 = \frac{1}{2\cdot 1}a_0, \quad a_2 = \frac{1}{3\cdot 2}a_1 = \frac{1}{3\cdot 2}\frac{1}{2\cdot 1}a_0, \cdots$$

であるため

$$a_n = \frac{1}{n!(n+1)!}a_0$$

となります．したがって，解として

$$y_1 = a_0 x \sum_{n=0}^{\infty} \frac{1}{n!(n+1)!}x^n$$

が求まります．このように $\lambda=0$ のときに解が求まらなかった原因は決定方程式の根の差が整数であったためで，別の方法でもう一つの解を探す必要があります.

そこで，解を $y=y_1u$ と仮定して（4.2 節参照）もとの方程式に代入して，u に関する方程式を導きます．その結果,

$$y_1\frac{d^2u}{dx^2} + 2\frac{dy_1}{dx}\frac{du}{dx} = 0$$

となりますが，$du/dx=p$ とおけば p に関する変数分離形の 1 階微分方程式になり

$$p = \frac{A}{y_1^2}$$

という解が求まります．そこでもう一度積分して,

$$u = A\int \frac{1}{y_1^2}\ dy + B$$

が得られるため，もう一つの解は

$$y = Ay_1 \int \frac{1}{y_1^2}\ dy$$

という形になります.

なお，上式に実際に y_1 を代入すれば，

$$\frac{1}{(\alpha_0 x + \alpha_1 x^2 + \cdots)^2} = \frac{1}{(\alpha_0 x)^2}(1 + \beta_1 x + \beta_2 x^2 + \cdots)$$

であるため，

$$u = Cy_1 \int \left(\frac{1}{x^2} + \frac{\alpha_1}{x} + \alpha_2 + \cdots \right) dx$$

$$= Dy_1(\log|x| - \frac{B_1}{x} + B_2 x + \cdots) = Dy_1 \log|x| + \sum_{n=0}^{\infty} b_n x^n$$

という形の解（式(6.2.12) 参照）が得られます.

Problems　　Chapter 6

1. 次の微分方程式の一般解を級数の方法で求めなさい.

   (a) $\dfrac{dy}{dx} - x^2 y = 0$

   (b) $\dfrac{d^2y}{dx^2} + xy = 0$

2. 次の微分方程式の $x = 0$（確定特異点）のまわりの級数解を求めなさい.

   (a) $4x\dfrac{d^2y}{dx^2} + (x+2)\dfrac{dy}{dx} + y = 0$

   (b) $x(x-1)\dfrac{d^2y}{dx^2} + (3x-1)\dfrac{dy}{dx} + y = 0$

Appendix A

連立微分方程式とラグランジュの偏微分方程式

A.1 連立微分方程式

ひとつの変数 x を独立変数とするいくつかの未知関数 $y(x)$, $\cdots$, $y_n(x)$ があり，それらの関数の間に導関数を含んだいくつかの関係式があるとします．それらの関係式を，未知関数を決める方程式とみなしたとき，連立微分方程式とよびます．本節では次の形の 1 階の連立微分方程式

$$\begin{aligned}\frac{dy_1}{dx} &= f_1(x, y_1, \cdots, y_n)\\ \frac{dy_2}{dx} &= f_2(x, y_1, \cdots, y_n)\\ &\cdots\\ \frac{dy_n}{dx} &= f_n(x, y_1, \cdots, y_n)\end{aligned} \tag{A.1.1}$$

を考えます．

簡単な場合として $n = 2$ の場合，$y_1 = y$, $y_2 = z$, $f_1 = f$, $f_2 = g$ と書くことにすれば，式(A.1.1) は

$$\begin{aligned}\frac{dy}{dx} &= f(x, y, z)\\ \frac{dz}{dx} &= g(x, y, z)\end{aligned} \tag{A.1.2}$$

になります．この場合，未知関数 z を消去することを考えます．式(A.1.2) の第 1 式を x で微分する場合, 右辺の微分に注意する必要があります．すなわち，右辺の関数 f には x の関数 y と z が含まれています．そこで，合成関数の微分法から,

$$\frac{df}{dx} = \frac{\partial f}{\partial x}\frac{dx}{dx} + \frac{\partial f}{\partial y}\frac{dy}{dx} + \frac{\partial f}{\partial z}\frac{dz}{dx} \tag{A.1.3}$$

となります．この式で $dx/dx = 1$ および式(A.1.2) から $dy/dx = f$，$dz/dx = g$ を考慮すれば

$$\frac{df}{dx} = \frac{\partial f}{\partial x} + \frac{\partial f}{\partial y}f + \frac{\partial f}{\partial z}g \tag{A.1.4}$$

となるため，式(A.1.2) の第 1 式を x で微分した式は

$$\frac{d^2y}{dx^2} = \frac{df}{dx} = \frac{\partial f}{\partial x} + \frac{\partial f}{\partial y}f + \frac{\partial f}{\partial z}g \tag{A.1.5}$$

となります．f と g が x，y，z のみの関数であるため，上式の右辺には dz/dx を含んでいません．そこで，この式と式(A.1.2) の第 1 式から z を消去できます．その結果，y を未知関数とする

$$F\left(x, y, \frac{dy}{dx}, \frac{d^2y}{dx^2}\right) = 0$$

という形をした 2 階微分方程式が得られます．この 2 階微分方程式を解けば，2 つの任意定数を含んだ解

$$y = \varphi_1(x, C_1, C_2)$$

が得られます．

z を求めるには，この解を式(A.1.2) の第 1 式の左辺に代入し，それを z について解けばよく，その結果，積分することなしに

$$z = \varphi_2(x, C_1, C_2)$$

という形の解が得られます．この場合，積分を行っていないため，y に現れたものと同じ任意定数が含まれます．このように方程式(A.1.2) は 2 つの任意定数を含む解をもちます．

以上の手順を具体例を用いて示します．

Example A.1.1

次の連立微分方程式の一般解を求めなさい．

(1) $\begin{cases} \dfrac{dy}{dx} + z = 3y \\ \dfrac{dz}{dx} - z = y \end{cases}$　　(2) $\begin{cases} \dfrac{dy}{dx} = \dfrac{z}{x} \\ \dfrac{dz}{dx} = \dfrac{4y}{x} \end{cases}$

[**Answer**]

(1) 第 1 式を x で微分して第 2 式を使えば

$$\frac{d^2y}{dx^2}+y+z=3\frac{dy}{dx}$$

となり，これと第 1 式から z を消去すれば

$$\frac{d^2y}{dx^2}-4\frac{dy}{dx}+4y=0$$

という定数係数 2 階線形微分方程式が得られます.

4.2 節で述べた方法で解けば

$$y=(c_1+c_2x)\,e^{2x}$$

となります（c_1，c_2：任意定数）．y から z を積分せずに求めるため第 1 式に代入すれば

$$\begin{aligned}z&=3y-\frac{dy}{dx}=3\,(c_1+c_2x)\,e^{2x}-2\,(c_1+c_2x)\,e^{2x}-c_2e^{2x}\\&=(c_1-c_2+c_2x)\,e^{2x}\end{aligned}$$

(2) 式(A.1.5）で $f=z/x,\ g=4y/x$ とおけば

$$\begin{aligned}\frac{d^2y}{dx^2}&=\frac{\partial f}{\partial x}+\frac{\partial f}{\partial y}f+\frac{\partial f}{\partial z}g=-\frac{z}{x^2}+0\times\frac{z}{x}+\frac{1}{x}\times\frac{4y}{x}\\&=-\frac{1}{x^2}\times x\frac{dy}{dx}+\frac{4y}{x^2}=-\frac{1}{x}\frac{dy}{dx}+\frac{4y}{x^2}\end{aligned}$$

すなわち，

$$x^2\frac{d^2y}{dx^2}+x\frac{dy}{dx}-4y=0$$

となります．ただし，z を消去するため，連立方程式の第 1 式を用いています．この方程式は **Chapter 4** の **Problems 3.** で述べたオイラー型であるため，$y=x^\lambda$（または $x=e^t$）とおいて

$$\{\lambda(\lambda-1)+\lambda-4\}\,x^\lambda=0$$

したがって，$\lambda=\pm 2$ で解は

$$y=C_1x^2+\frac{C_2}{x^2}$$

となります（C_1，C_2：任意定数）．この関係を y に関するもとの微分方程

式に代入して

$$z = x\frac{dy}{dx} = 2C_1x^2 - \frac{2C_2}{x^2}$$

なお，上と同じ手続きにより連立 n 元 1 階微分方程式(A.1.1) が 1 つの従属変数（未知関数）に対する n 階微分方程式に書き換えられます．

A.2　ラグランジュの偏微分方程式

連立微分方程式の応用として次の形の 1 階偏微分方程式

$$A(x,y,z)\frac{\partial z}{\partial x} + B(x,y,z)\frac{\partial z}{\partial y} = C(x,y,z) \tag{A.2.1}$$

を取り上げます．ここで $z(x,\ y)$ が未知関数であり，A, B, C は形の与えられた x, y, z の関数です．この形の偏微分方程式を**ラグランジュの偏微分方程式**とよんでいます．

いま，x と y がパラメータ s を介して関係づけられているとします[*1]．このとき，z を s で微分すれば

$$\frac{dz}{ds} = \frac{\partial z}{\partial x}\frac{dx}{ds} + \frac{\partial z}{\partial y}\frac{dy}{ds} \tag{A.2.2}$$

となります．式(A.2.1) と式(A.2.2) を比較すると，

$$\frac{dx}{ds} = \mu A(x,y,z), \quad \frac{dy}{ds} = \mu B(x,y,z), \quad \frac{dz}{ds} = \mu C(x,y,z) \tag{A.2.3}$$

が成り立てば両者は一致することがわかります．ただし，μ は恒等的には 0 でない x, y, z の関数です．A が 0 でないとき式(A.2.3) の第 2 式を第 1 式で割れば

$$\frac{dy}{dx}\left(= \frac{dy/ds}{dx/ds}\right) = \frac{B(x,y,z)}{A(x,y,z)} \tag{A.2.4}$$

となり，同様に A が 0 でないとき式(A.2.3) の第 3 式を第 1 式で割れば

＊1　関数 $z = z(x,\ y)$ は 3 次元空間で x, y を与えた場合に，それに対応する z を与えます．すなわち，x と y が xy 面上を動くとき，$(x,\ y,\ z)$ は空間上の曲面を描きます．一方，パラメータ s を介して x と y が結びついているときには，x と y は xy 面上のひとつの曲線を表します．このような場合 $z = z(x(s),\ y(s))$ も s の関数となり，点 $(x,\ y,\ z)$ は空間上の曲線になります．

$$\frac{dz}{dx}\left(=\frac{dz/ds}{dx/ds}\right)=\frac{C(x,y,z)}{A(x,y,z)} \tag{A.2.5}$$

となります．

式(A.2.4) と式(A.2.5) は連立２元の１階微分方程式です．それを解けば

$$y=\alpha(x,c_1,c_2),\quad z=\beta(x,c_1,c_2)$$

という形の解が得られます．これらの式を c_1, c_2 について解けば

$$c_1=\xi(x,y,z),\quad c_2=\eta(x,y,z)$$

となります．ところが c_1, c_2 は任意にとれるため，任意関数 ψ または２変数の任意の関数 φ を導入して，$c_2=\psi(c_1)$ あるいは $\varphi(c_1,c_2)=0$ とすることができます．したがって，ラグランジュの偏微分方程式の解（一般解）は

$$\eta(x,y,z)=\psi(\xi(x,y,z)) \quad \text{または} \quad \varphi(\xi(x,y,z),\eta(x,y,z))=0 \tag{A.2.6}$$

で与えられることがわかります．

Example A.2.1

$$2\frac{\partial z}{\partial x}+3\frac{\partial z}{\partial y}=6z$$

[Answer]

式(A.2.3) は

$$\frac{dx}{ds}=2\lambda,\quad \frac{dy}{ds}=3\lambda,\quad \frac{dz}{ds}=6\lambda z$$

となり，この式から

$$\frac{dy}{dx}\left(=\frac{dy/ds}{dx/ds}\right)=\frac{3}{2},\quad \frac{dz}{dx}\left(=\frac{dz/ds}{dx/ds}\right)=3z$$

が得られます．これらの式は容易に積分できて

$$y=\frac{3}{2}x+C_1,\quad z=C_2e^{3x}$$

となるため，一般解は

$$z=e^{3x}\psi\left(y-\frac{3}{2}x\right)$$

となります．

式(A.2.3) は x, y, z について対等な形をしています．そこで

第１式と第３式を第２式で割れば

$$\frac{dx}{dy} = \frac{A(x,y,z)}{B(x,y,z)}, \quad \frac{dz}{dy} = \frac{C(x,y,z)}{B(x,y,z)} \tag{A.2.7}$$

となり，また第１式と第２式を第３式で割れば

$$\frac{dx}{dz} = \frac{A(x,y,z)}{C(x,y,z)}, \quad \frac{dy}{dz} = \frac{B(x,y,z)}{C(x,y,z)} \tag{A.2.8}$$

となります．これらのどの方程式を解いても，上の同様の議論から式(A.2.6)の形の解が得られます．したがって，偏微分方程式の解を求める場合には式(A.2.5）または式(A.2.7）または式(A.2.8）のなかで最も簡単なものを選んで解けばよいことになります．そこで，これらの方程式を x, y, z が対等な形

$$\frac{dx}{A(x,y,z)} = \frac{dy}{B(x,y,z)} = \frac{dz}{C(x,y,z)} \tag{A.2.9}$$

形に書いておくと便利です．この方程式は**補助方程式**とよばれています．そして，それは適宜方程式(A.2.5）または方程式(A.2.7）または方程式(A.2.8）を表すものと解釈します．

なお，これらの式で分母が０であれば分子も０とします．たとえばＣ＝０ならば $dz = 0$ であり，したがって z ＝定数となります．

ラグランジュの偏微分方程式は一般的には

$$f_1\frac{\partial u}{\partial x_1} + f_2\frac{\partial u}{\partial x_2} + \cdots + f_n\frac{\partial u}{\partial x_n} = g \tag{A.2.10}$$

の形をしています．ここで $f_1, \cdots, f_n, g$ は $x_1, \cdots, x_n, u$ の与えられた関数，u は未知関数です．この方程式は２独立変数の場合と同様に，以下のようにして解くことができます．

方程式(A.2.10）に対する補助方程式

$$\frac{dx_1}{f_1} = \frac{dx_2}{f_2} = \cdots = \frac{dx_n}{f_n} = \frac{du}{g} \tag{A.2.11}$$

を解いて，n 個の独立な解

$$\xi_1(x_1, \cdots, u) = c_1,\ \xi_2(x_1, \cdots, u) = c_2,\ \ldots,\ \xi_n(x_1, \cdots, u) = c_n \tag{A.2.12}$$

を求めます．このとき式(A.2.11）の一般解は

$$\varphi(\xi_1, \xi_2, \cdots, \xi_n) = 0 \tag{A.2.13}$$

で与えられます．

Problems　　Appendix A

1. 次の連立微分方程式の一般解を求めなさい．

(a) $\dfrac{dy}{dx}+z=3y,\quad \dfrac{dz}{dx}-z=y$

(b) $\dfrac{dy}{dx}=\dfrac{z+x}{y-z},\quad \dfrac{dz}{dx}=\dfrac{x+y}{y-z}$

2. 次のグランジュの偏微分方程式の一般解を求めなさい．

(a) $y\dfrac{\partial z}{\partial x}+x\dfrac{\partial z}{\partial y}=xy$

(b) $yz\dfrac{\partial z}{\partial x}+zx\dfrac{\partial z}{\partial y}=xy$

Appendix B

力学への応用

力学の基礎である運動方程式は 2 階微分方程式であり解析的に解くことは一般に困難です．しかし，外力 F が特殊な形をしている場合には厳密解が得られます．本章では運動方程式の解をいくつか紹介します．

B.1　自由落下運動

質量 m の質点の自由落下運動で抵抗を受ける場合を考えます．

まず，抵抗は質点の速さに比例すると仮定します．比例定数を c，重力加速度を g と書くことにすれば，運動方程式は

$$m\frac{d^2z}{dt^2}=-mg-c\frac{dz}{dt} \tag{B.1.1}$$

になります．この方程式を解くため，両辺を m で割り，さらに $dz/dt=w$ とおけば

$$\frac{dw}{dt}=-g-\frac{cw}{m}=-g(1+aw)\quad (a=c/(mg))$$

と書ける（変数分離形）ため

$$\int\frac{dw}{1+aw}=-g\int dt$$

となります．すなわち

$$\frac{1}{a}\log|1+aw|=-gt+C\ \text{より}$$

$$1+aw=Ae^{-agt}$$

が得られます．したがって，質点の速度は

$$w\left(=\frac{dz}{dt}\right)=-\frac{mg}{c}(1-Ae^{-ct/m})$$

になります．特に $t=0$ で質点が静止していれば，$A=1$ になるため

$$w=-\frac{mg}{c}(1-e^{-ct/m}) \tag{B.1.2}$$

と書けます．式(B.1.2) から t の増加とともに w の絶対値も増加しますが，最大でも（$t\to\infty$ のとき）

$$w=-mg/c$$

を超えないことがわかります．この関係は式(B.1.1) の左辺を 0 とした式からも得られます．この最大速さを**終端速度**といいます．

上の議論では抵抗が速さに比例すると仮定しましたが，この仮定は質点の速さがあまり大きくないとき成り立つ（**ストークスの抵抗法則**）ことが知られています．

次に抵抗が速さの 2 乗に比例する場合を考えます．これは物体の速さが大きい時に成り立つことが知られています(**ニュートンの抵抗法則**)．この場合には，式(B.1.1) は

$$m\frac{d^2z}{dt^2}=-mg+c\left(\frac{dz}{dt}\right)^2 \tag{B.1.3}$$

と修正されます．上式を解くため，前と同様に両辺を m で割り，$dz/dt=w$ とおけば

$$\frac{dw}{dt}=-g(1-B^2w^2) \quad (B=\sqrt{c/(mg)})$$

となります．この式も変数分離形であり

$$\int\frac{dw}{1-B^2w^2}=-g\int dt \text{ より}$$

$$\frac{1}{2}\int\left(\frac{1}{1+Bw}+\frac{1}{1-Bw}\right)dw=-gt+\frac{\log A}{2} \quad (A\text{：任意定数})$$

すなわち

$$\log\left|\frac{1+Bw}{1-Bw}\right|=-2gBt+B\log A$$

となります．そこで w について解けば C を任意定数として

$$\frac{1+Bw}{1-Bw} = Ce^{-2gBt} \text{ より}$$

$$Bw(1+Ce^{-2gBt}) = Ce^{-2gBt} - 1$$

したがって

$$w = \frac{1}{B}\frac{Ce^{-2gBt}-1}{Ce^{-2gBt}+1} = -\sqrt{\frac{mg}{c}}\frac{1-Ce^{-2\sqrt{cg/m}\,t}}{1+Ce^{-2\sqrt{cg/m}\,t}} \tag{B.1.4}$$

が得られます．特に $t=0$ で静止（$w=0$）している場合は $C=1$ となります．この場合も $t\to\infty$ で$w=-1/B=-\sqrt{mg/c}$ という終端速度をもつことがわかります．これは式(B.1.3) の左辺を 0 とした式からも導けます．

B.2 単　振　動

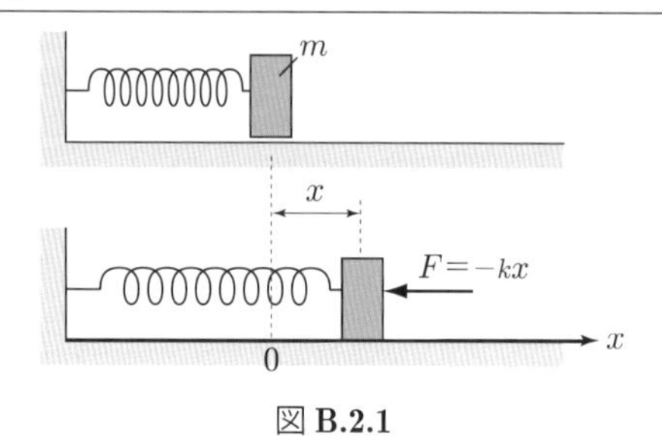

図 **B.2.1**

本節ではばねの振動問題を考えます．図 **B.2.1** に示すように，水平な板の上にばねがあり，質量 m のおもりがつながれているとします．ばねを何もしない状態（平衡状態）から長さ x だけ引っ張っておもりを振動させたとき，おもりの運動を考えます．

はじめに床との間に摩擦が働かない場合を考えます．平衡状態でのおもりの位置を原点にとったときの，ある時刻でのおもりの位置を x とすれば，おもりには引き戻す方向に距離に比例する力，すなわち

$$F = -kx \quad (k>0\text{：比例定数}) \tag{B.2.1}$$

（伸びた状態 $x>0$ では負の方向の力，縮んだ状態 $x<0$ では正の方向の力）が働くことが知られています（**フックの法則**）．したがって，運動方程式は

$$m\frac{d^2x}{dt^2} = -kx \tag{B.2.2}$$

となります．ここで，$\omega^2 = k/m$ とおけば，上式は

$$\frac{d^2x}{dt^2} + \omega^2 x = 0 \tag{B.2.3}$$

となるため，4章の結果から一般解

$$x = A\cos\omega t + B\sin\omega t \tag{B.2.4}$$

をもちます．任意定数 A，B は初期条件から定まります．いま，時刻 $t = 0$ において，ばねを l だけ伸ばして静止させた状態から運動を開始させたとすれば，式(B.2.4) において，$t = 0$ のとき $x = l$, $dx/dt = 0$ です．この条件から，$A = l$, $B = 0$ となるため

$$x = l\cos\omega t = l\cos\sqrt{\frac{k}{m}}t \tag{B.2.5}$$

が得られ，$-l \leqq x \leqq l$ の範囲で振動を繰り返すことがわかります．このような運動のことを**単振動**といい，l を**振幅**，ω を**角振動数**といいます．また $\nu = \omega/2\pi$ を**振動数**，$T = 1/\nu$ を**周期**といいます．ν は単位時間に振動する回数であり，T は1回の往復に要する時間を表します．

この式から

$$v = \frac{dx}{dt} = -l\omega\sin\omega t = \mp l\omega\sqrt{1-\cos^2\omega t} = \mp\omega\sqrt{l^2 - x^2} \tag{B.2.6}$$

となり，たとえば，おもりは $x = 0$ で最大速度 $l\omega = l\sqrt{k/m}$ をもつことがわかります．

次に摩擦を考えてみます．摩擦力は常に運動の方向と逆方向に働きますが，その大きさは物体の速さに比例すると仮定すれば，式(B.2.2) は

$$m\frac{d^2x}{dt^2} = -kx - c\frac{dx}{dt} \tag{B.2.7}$$

と修正されます．したがって，

$$\frac{d^2x}{dt^2} + 2\gamma\frac{dx}{dt} + \omega^2 x = 0 \quad (\omega^2 = k/m,\ \gamma = c/(2m)) \tag{B.2.8}$$

という定数係数の2階微分方程式を解くことになります．4.2節でも議論しましたが，この方程式を解くために $x = e^{\lambda t}$ の形の解を仮定して代入すれば λ に関する2次方程式

$$\lambda^2 + 2\gamma\lambda + \omega^2 = 0$$

が得られます．したがって，２つの解を

$$\lambda_1 = -\gamma + \sqrt{\gamma^2 - \omega^2}, \quad \lambda_2 = -\gamma - \sqrt{\gamma^2 - \omega^2}$$

とおけば，一般解は

$$x = c_1 \exp(\lambda_1 t) + c_2 \exp(\lambda_2 t) \tag{B.2.9}$$

の形に書けます．ただし，λ_1, λ_2 は複素数の場合もあるため，以下に場合分けを行います．

（a）$\omega > \gamma$ の場合

λ_1, λ_2 は複素数であるため，

$$\begin{aligned} x &= e^{-\gamma t}\left\{c_1 \exp(-i\sqrt{\omega^2 - \gamma^2}t) + c_2 \exp(i\sqrt{\omega^2 - \gamma^2}t)\right\} \\ &= e^{-\gamma t}\left\{c_3 \sin(\sqrt{\omega^2 - \gamma^2}t) + c_4 \cos(\sqrt{\omega^2 - \gamma^2}t)\right\} \qquad \text{(B.2.10)} \\ &= Ae^{-\gamma t}\sin(\sqrt{\omega^2 - \gamma^2}t + \alpha) \end{aligned}$$

となります（$c_2 \sim c_4$，A，α：任意定数）．この解の形から，質点は角周波数 $\sqrt{\omega^2 - \lambda^2}$ で振動しますが，振幅は指数関数 $e^{-\lambda t}$ にしたがって小さくなり最終的には 0 になることがわかります．このような振動を**減衰振動**といいます．

（b）$\omega < \gamma$ の場合

この場合，式(B.2.9) は

$$x = e^{-\gamma t}\left\{c_1 \exp(\sqrt{\gamma^2 - \omega^2}t) + c_2 \exp(-\sqrt{\gamma^2 - \omega^2}t)\right\} \tag{B.2.11}$$

となります．$\gamma > \sqrt{\gamma^2 - \omega^2}$ であるため，上式は単調減少であり $t \to \infty$ のとき $x = 0$ になります．すなわち，摩擦が大きい場合には振動を起こさず運動が止まることがわかります（c_1，c_2：任意定数）．

（c）$\omega = \gamma$ の場合

この場合，$\lambda_1 = \lambda_2$ であり，解が 1 つしか求まらないため，別の解を求める必要があります．その手続きは 4.2 節で述べたため結果だけを記すと一般解は

$$x = (c_1 + c_2 t)e^{-\gamma t} \tag{B.2.12}$$

となります（c_1，c_2：任意定数）．この場合も（b）と同様に振動は単調減少します．ただし，減衰率は最大であり，**臨界制動**といいます．

最後に摩擦力に加えて単位質量当たり外力 $f(t)$ が働く場合の単振動を考えます（**強制振動**）．このとき運動方程式は

$$m\frac{d^2x}{dt^2} = -kx - c\frac{dx}{dt} + mf(t) \quad \text{すなわち,}$$

$$\frac{d^2x}{dt^2} + 2\gamma\frac{dx}{dt} + \omega^2 x = f(t) \quad (\omega^2 = k/m,\ \gamma = c/(2m)) \tag{B.2.13}$$

となります．この微分方程式の解法も 4.2 節で議論しました．ここでは特に

$$f(t) = F\cos\omega_0 t$$

の場合（$\omega > \gamma, \omega \neq \omega_0$）を考えます．この解は

$$x = ce^{-\gamma t}\sin(\sqrt{\omega^2-\gamma^2}t+\gamma) + \frac{F\left(\omega^2-\omega_0^2\right)\cos\omega_0 t + 2F\gamma\omega_0\sin\omega_0 t}{\left(\omega^2-\omega_0^2\right)^2 + 4\gamma\omega_0^2} \tag{B.2.14}$$

です．特に $\gamma = 0$，ω が ω_0 に近いと x が大きくなります．これを**共振**といいます．

Problems　　Appendix B

1. 重力のもとで鉛直方向（xy 面内）を運動する質量 m の質点の運動方程式は空気抵抗を無視すると

$$m\frac{d^2x}{dt^2} = 0$$

$$m\frac{d^2y}{dt^2} = -mg$$

となります．ただし g は重力加速度です．この質点の軌道は放物線になることを示しなさい．また $t=0$ で地上（原点）から速さ V，角度 θ で質点を投げたときの到達距離を求めなさい．

2. コリオリ力を受けて運動する質点の運動方程式は

$$m\frac{d^2x}{dt^2} = -a\frac{dy}{dt}$$

$$m\frac{d^2y}{dt^2} = a\frac{dx}{dt}$$

となります．ただし a は定数でコリオリパラメータとよばれます．この方程式を $t=0$ のとき $x=1$，$y=0$，$dx/dt=0$，$dy/dt=1$ の条件のもとで解きなさい．また軌道を求めなさい．

3. 図のような振り子の振れ角は外力が重力だけと仮定すれば

$$\frac{d^2\theta}{dt^2} = -\frac{g}{l}\sin\theta$$

という運動方程式を満たします．このとき θ と t の関係は，k を適当な任意定数

$$a = \sqrt{\frac{g}{l}},\quad x = \frac{\theta}{2}$$

としたとき

$$t = \frac{k}{a}\int\frac{dx}{\sqrt{l - k^2\sin^2 x}}$$

となることを示しなさい．また，x が十分小さく $\sin x \sim x$ と近似できる場合 θ を t の関数として定めなさい．

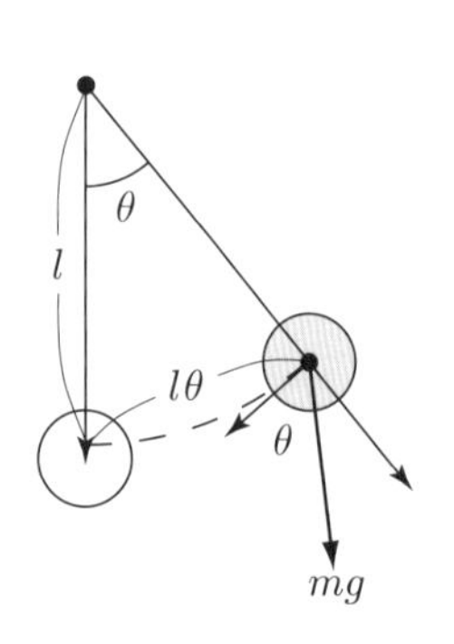

Appendix C

微分方程式の解法のまとめ

C.1　1階微分方程式の解法

（1）積分形

$$\frac{dy}{dx} = f(x) \quad \text{は両辺を } x \text{ で積分して} \quad y = \int f(x)dx$$

（2）変数分離形

$$\frac{dy}{dx} = \frac{g(x)}{h(y)} \quad \text{は分母を払って両辺を積分} \quad \int h(y)dy = \int g(x)dx$$

（3）同次形

$$\frac{dy}{dx} = f\left(\frac{y}{x}\right)$$

$y = ux$ とおくと変数分離形になります．

（4）同次形になる場合

$$\frac{dy}{dx} = f\left(\frac{ax + by + c}{px + qy + r}\right)$$

$$\begin{matrix} as + bt = -c \\ ps + qt = -r \end{matrix} \quad \text{を解いて} \quad \begin{matrix} x = X + s \\ y = Y + t \end{matrix}$$

とおきます．連立方程式が解をもたなければ $ax + by = u$ とおけば変数分離形．

（5）線形

$$\frac{dy}{dx}+p(x)y=q(x)$$

定数変化法（$q(x)=0$ として任意定数 A を含む解を求め，次に A を x の関数としてもとの方程式に代入して $A(x)$に関する微分方程式を解いて $A(x)$を決めます）または次の公式を用います．

$$y=e^{-\int pdx}\left[\int e^{\int pdx}qdx+C\right]$$

（6）ベルヌーイの微分方程式

$$\frac{dy}{dx}+p(x)y=q(x)y^{\alpha}\quad(\alpha\neq 0,1)$$

$z=y^{1-\alpha}$ とおけば線形$(dz/dx+(1-\alpha)pz=(1-\alpha)q)$になります．

（7）リッカチの微分方程式

$$\frac{dy}{dx}+p(x)y^2+q(x)y+r(x)=0$$

1つの特解 w が見つかれば $y=w+u$ とおくと u に関するベルヌーイの微分方程式($\alpha=2$）になります．

（8）完全微分方程式

$$P(x,y)dx+Q(x,y)dy=0\quad\left(\frac{\partial P}{\partial y}=\frac{\partial Q}{\partial x}\text{が成り立つ場合}\right)$$

$$\int_{x_0}^{x}P(x,y)dx+\int_{y_0}^{y}Q(x_0,y)dy=C$$

または

$$\int_{x_0}^{x}P(x,y_0)dx+\int_{y_0}^{y}Q(x,y)dy=C$$

あるいは，たとえば以下の関係式を用いることができれば簡単になります．

$$f(x)\,dx=d\left(\int f(x)\,dx\right),\ d(xy)=ydx+xdy,\ d(x^2\pm y^2)=2xdx\pm 2ydy$$

$$d(y/x)=(xdy-ydx)/x^2,\quad d(x/y)=(ydx-xdy)/y^2$$

（9）積分因子

$\lambda P(x,y)dx + \lambda Q(x,y)dy = 0$　が完全微分方程式のとき λ が積分因子

$$A = \frac{1}{Q}\left(\frac{\partial P}{\partial y} - \frac{\partial Q}{\partial x}\right)$$

が x のみの関数ならば $\lambda = e^{\int A dx}$

$$B = \frac{1}{P}\left(\frac{\partial P}{\partial y} - \frac{\partial Q}{\partial x}\right)$$

が y のみの関数ならば $\lambda = e^{-\int B dy}$

（10）非正規形その１（クレーローの微分方程式）

$$y = xp + f(p)$$

は両辺を x で微分して

$$y = Cx + f(C) \quad （一般解）$$

$$x = -\frac{dx}{dp}, \quad y = -p\frac{df}{dp} + f(p) \quad （特異解）$$

（11）非正規形その２

$$x = f(y,p) \quad (p = dy/dx)$$

両辺を y で微分すれば正規形 $dp/dy = (1/p - f_y)/f_p$ になるのでこれを解いた式ともとの式から p を消去します．

$$y = f(x,p) \quad (p = dy/dx)$$

両辺を x で微分すれば正規形 $dp/dx = (1/p - f_x)/f_p$ になるためこれを解いた式ともとの式から p を消去します．

C.2　２階微分方程式の解法

（1）特殊な場合

(a) $d^2y/dx^2 = f(x)$　（y，dy/dx を含まない）

２回積分します．

(b) $d^2y/dx^2 = f(y)$　(x，dy/dx を含まない)

両辺に　$2\dfrac{dy}{dx}$　を掛けると　$\left(\dfrac{dy}{dx}\right)^2 = 2\int f(y)dy + C$

(c) $d^2y/dx^2 = f(dy/dx)$　(x，y を含まない)

$p = \dfrac{dy}{dx}$　とおくと　$\dfrac{dp}{dx} = f(p)$

(d) $F(x, dy/dx, d^2y/dx^2) = 0$　(y を含まない)

$p = \dfrac{dy}{dx}$　とおくと　$F\left(x, p, \dfrac{dp}{dx}\right) = 0$

(e) $F(y, dy/dx, d^2y/dx^2) = 0$　(x を含まない)

$p = \dfrac{dy}{dx}$　とおくと　$F\left(y, p, p\dfrac{dp}{dy}\right) = 0$

（2）定数係数微分方程式

$$a\frac{d^2y}{dx^2} + b\frac{dy}{dx} + cy = f(x)$$

もとの方程式の特解を y_p，同次方程式($f = 0$) の一般解を y_g とすればもとの方程式の一般解は $y = y_g + y_p$.

y_g は特性方程式 $a\lambda^2 + b\lambda + c = 0$ が

(a) 2実根 λ_1，λ_2 のとき：$y_g = C_1e^{\lambda_1 x} + C_2e^{\lambda_2 x}$

(b) 重根 λ のとき：$y_g = (C_1 + C_2x)e^{\lambda x}$

(c) 共役複素根 $\alpha \pm i\beta$ のとき $y_g = e^{\alpha x}(C_1 \sin\beta x + C_2 \cos\beta x)$

y_p は $f(x)$の形によって適当な形に仮定して決めます．たとえば

$$f(x) = (a_0 + a_1x + \cdots + a_nx^n)e^{\alpha x}\quad (\alpha \text{ 複素数でもよい})$$

の場合には，以下のようにおいて方程式に代入して $b_0, \cdots, b_n$ を決めます.

(a) α が特性方程式の根と異なる場合：

$$y_p = (b_0 + b_1x + \cdots + b_nx^n)e^{\alpha x}$$

(b) α が特性方程式の根（重根でない）と一致する場合：

$$y_p = x(b_0 + b_1x + \cdots + b_nx^n)e^{\alpha x}$$

(c) α が特性方程式の根（重根）と一致する場合：

$$y_p = x^2(b_0 + b_1x + \cdots + b_nx^n)e^{\alpha x}$$

（3）オイラーの微分方程式

$$ax^2\frac{d^2y}{dx^2}+bx\frac{dy}{dx}+cy=f(x)$$

$x=e^t$ とおくと定数係数微分方程式，または $y=x^\lambda$ とおき λ を決めます．

（4）線形微分方程式

$$\frac{d^2y}{dx^2}+p(x)\frac{dy}{dx}+q(x)y=r(x)$$

(a) 同次方程式の 1 つの特解 y_1 が既知であれば $y=uy_1$ とおきます．

(b)（級数解法）

$x=\alpha$ が通常点ならば

$$y=\sum_{n=0}^{\infty}a_n(x-\alpha)^n$$

$x=\alpha$ が確定特異点であれば

$$y=\sum_{n=0}^{\infty}a_n(x-\alpha)^{n+\lambda}$$

とおいて微分方程式に代入して係数 α_n（と確定特異点のときは λ）を決めます．

C.3　高階微分方程式・連立微分方程式・ラグランジュの偏微分方程式

（1）高階微分方程式は階数を下げることを考えます．

（2）連立微分方程式は未知数を消去して高階の微分方程式に変形します．

（3）定数係数の場合には **2** 階定数係数微分方程式と同様の方法が使えます．

（4）$A(x,y,z)\dfrac{\partial z}{\partial z}+B(x,y,z)\dfrac{\partial z}{\partial z}=C(x,y,z)$ は $\dfrac{dx}{A}=\dfrac{dy}{B}=\dfrac{dz}{C}$ を解いて **2** つの任意定数 $\boldsymbol{C}_1,\boldsymbol{C}_2$ を含む解を求め，それで $\boldsymbol{C}_1=\xi(x,y,z)$，$\boldsymbol{C}_2=\eta(x,y,z)$ とすれば $\varphi(\xi,\eta)=\mathbf{0}$（$\varphi$：任意定数）．

Appendix D

問題略解

Chapter 1

1. (a)～(c) 略

2. (a) $y' = -\sin(x + C)$ ともとの式から $(y')^2 + y^2 = 1$.

   (b) $y' = A/x + 1$ から A を求め，もとの式に代入して整理すると
   $y' - y/(x \log x) + 1/\log x - 1 = 0$.

   (c) $y' = A - B/x^2$，$y'' = 2B/x^3$ から A, B を求め，もとの式に代入すれば
   $x^2 y'' + xy' - y = 0$.

   (d) $y' = -A\sin(x + B)$ ともとの式から $(y')^2 + y^2 = A^2$，もう一度微分して
   $y'' + y = 0$.

Chapter 2

1. (a) $\dfrac{dy}{y} = \left(1 - \dfrac{2}{(x+2)}\right) dx$ を積分して $y = Ce^x/(x + 2)^2$.

   (b) $e^y dy = e^{x+1} dx$ を積分して $e^y = e^{x+1} + C$ より $y = \log(e^{x+1} + C)$.

   (c) $dy = \left(\dfrac{1}{2}\left(\dfrac{1}{x-1} + \dfrac{1}{x+1}\right) - \dfrac{1}{x}\right) dx$，積分して $y = \dfrac{1}{2} \log \left| 1 - \dfrac{1}{x^2} \right| + C$

   (d) 与式を変形し，$\left(\dfrac{1}{2-y} + \dfrac{1}{2+y}\right) dy = \dfrac{4}{x} dx$ を積分して $y = \dfrac{2(x^4 + C)}{x^4 - C}$

2. (a) $y = ux$ とおくと $u' = -\dfrac{1}{x}$．したがって $y = x\,(C - \log|x|)$

   (b) $\dfrac{dy}{dx} - \dfrac{y}{x} = \sqrt{1 - (y/x)^2}$ に対して $y = ux$ とおくと $du/\sqrt{1 - u^2} = \dfrac{dx}{x}$，
   $\sin^{-1} u = \log|x| + C$．したがって $y = x \sin(\log|x| + C)$.

   (c) $x - 4y = u$ とおくと $\left(\dfrac{u}{3u+2}\right) du = \left(\dfrac{1}{3} - \dfrac{2}{3}\dfrac{1}{3u+2}\right) du = -dx$．積分して
   $6\,(x - y) - \log|3x - 12y + 2| = C$.

3. (a) $y' + y \sin x = 0$ から $y = Ae^{\cos x}$．もとの式に代入して $A' = \sin x \cos x e^{-\cos x}$ より
   $A = (\cos x + 1)e^{-\cos x} + C$．したがって $y = Ce^{\cos x} + \cos x + 1$.

(b) 同次方程式の解 $y = Ae^{2x}$, $A' = x^2 e^{-2x}$. したがって $y = Ce^{2x} - \dfrac{1}{2}\left(x^2 + x + \dfrac{1}{2}\right)$.

(c) 同次方程式の解 $\int \dfrac{dy}{y} = \int \dfrac{\cos x dx}{\sin x}$ より $y = A \sin x$, $A' = \dfrac{1}{\sin x}$ となるので

$$y = \sin x \left(\frac{1}{2} \log \left| \frac{1 - \cos x}{1 + \cos x} \right| + C\right)$$

(d) $z = y^{1-3} = y^{-2}$ とおくと $\dfrac{dz}{dx} + \dfrac{2}{x} z = -2\, x^{-2}$. 対応する同次方程式の解は

$z = \dfrac{A}{x^2}$, $A' = -2$. したがって $z = \dfrac{1}{y^2} = \dfrac{1}{x^2}(C - 2x)$, ゆえに $y^2 = \dfrac{x^2}{C - 2x}$

4. $y = u + \dfrac{1}{x}$ とおくと $\dfrac{du}{dx} - \dfrac{2u}{x} = u^2$. さらに $u = \dfrac{1}{z}$ とおくと $\dfrac{dz}{dx} + \dfrac{2z}{x} = -1$.
これを解いて $z = -\dfrac{x}{3} + \dfrac{C}{x^2} = \dfrac{3C - x^3}{3x^2}$. したがって $y = \dfrac{3x^2}{3C - x^3} + \dfrac{1}{x}$.

Chapter 3

1. (a) 与式 $= -5xdx + 2(ydx + xdy) + 3ydy = d\left(-\dfrac{5}{2}x^2\right) + d(2xy) + d\left(\dfrac{3}{2}y^2\right) = 0$.
したがって $-5x^2 + 4xy + 3y^2 = C$.

(b) $\dfrac{\partial F}{\partial x} = -x^2 + y^2$ より $F = -\dfrac{x^3}{3} + xy^2 + f(y)$.
したがって $F_y = 2xy + f'(y) = 2xy + y^2$.
$f(y) = \dfrac{y^3}{3} + A$ となるため $-x^3 + 3xy^2 + y^2 = C$.

(c) $F_x = \dfrac{2x}{y}$ より $F = \dfrac{x^2}{y} + f(y)$, $F_y = -\dfrac{x^2}{y^2} + f'(y) = -1 - \dfrac{x^2}{y^2}$.
したがって $f(y) = -y + A$. ゆえに $\dfrac{x^2}{y} - y = C$ または $x^2 - y^2 = Cy$.

(d) $P_y = Q_x$ より完全形, $\dfrac{\partial F}{\partial x} = \sin y + y \cos x$ より $F = x \sin y + y \sin x + f(y)$
したがって $x \cos y + \sin x + f' = \sin x + x \cos y$ より $f = C$
以上より $x \sin y + y \sin x = C$

2. (a) $P = 2x^2 - 3xy$, $Q = -x^2$ より $\dfrac{1}{Q}(P_y - Q_x) = \dfrac{1}{x} \Rightarrow \lambda(x) = \exp \displaystyle\int \dfrac{1}{x} dx = x$
$\Rightarrow 2x^3 dx - (3x^2 y dx + x^3 dy) \Rightarrow d\left(\dfrac{x^4}{2}\right) - d(x^3 y) \Rightarrow \dfrac{x^4}{2} - x^3 y = C$

(b) $\dfrac{1}{P}\left(\dfrac{\partial P}{\partial y} - \dfrac{\partial Q}{\partial x}\right) = \dfrac{2}{y}$ より $\lambda(y) = y^{-2}$ が積分因子,
$\dfrac{1}{y^2}(ydx - xdy) + \cos y dy = d\left(\dfrac{x}{y}\right) + d(\sin y) = 0$. したがって $x + y \sin y = Cy$.

(c)　$ydx + xdy + x^2y^2\left(-\dfrac{dx}{x} + \dfrac{dy}{y}\right) = d(xy) + x^2y^2(-d\log|x| + d\log|y|)$

と変形して x^2y^2 で割ると

$\dfrac{d(xy)}{x^2y^2} + d\log\left|\dfrac{y}{x}\right| = d\left(-\dfrac{1}{xy}\right) + d\log\left|\dfrac{y}{x}\right| = 0.$ したがって $\log\left|\dfrac{y}{x}\right| = \dfrac{1}{xy} + C$

3. (a)　x で微分して $p'(x - p^2) = 0$. $p' = 0$ の場合，$p = C$ より $y = Cx - \dfrac{C^3}{3}$（一般解）.

$x = p^2$ の場合，$y^2 = p^2\left(x - \dfrac{p^2}{3}\right)^2$ より $y^2 = \dfrac{4}{9}x^3$（特異解）.

(b)　x で微分して $p'(x - \sin p) = 0$. $p' = 0$ の場合，$y = Cx + \cos C$（一般解）.

$p = \sin^{-1} x$ の場合, $y = xp + \cos p$ に代入して $y = x\sin^{-1} x + \cos(\sin^{-1} x)$（特異解）.

(c)　x で微分して $\dfrac{dx}{dp} - x = p$（線形）より $x = -p - 1 + Ce^p$（p パラメータ，一般解）.

4. (a)　$(xp + 6y)(xp + y) = 0$ より $y = \dfrac{C_1}{x^6}$，$y = \dfrac{C_2}{x}$

したがって $\left(y - \dfrac{C_1}{x^6}\right)\left(y - \dfrac{C_2}{x}\right) = 0$.

(b)　$p(p + x)(p - y)$ より $y = C_1$，$y = -\dfrac{x^2}{2} + C_2$，$y = C_3e^x$.

したがって $(y - C_1)\left(y + \dfrac{x^2}{2} - C_2\right)(y - C_3e^x) = 0$.

Chapter 4

1. (a)　$p = \dfrac{dy}{dx}$ とおくと $yp\left(\dfrac{dp}{dy}\right) = 4 - p^2$ より $\dfrac{dy}{y} = pdp/(4 - p^2)$.

積分して $4 - p^2 = \dfrac{C_1}{y^2}$. $\dfrac{dx}{dy} = \dfrac{1}{p} = \pm\dfrac{y}{\sqrt{4y^2 - C_1}}$ より $x = \pm\dfrac{1}{4}\sqrt{4y^2 - C_1} + \dfrac{C_2}{4}$.

したがって $(4x - C_2)^2 = 4y^2 - C_1$.

(b)　$\dfrac{dy}{dx} = p$ とおくと $\dfrac{dp}{1 + p^2} = \dfrac{dx}{1 + x^2}$ より $\tan^{-1} p = \tan^{-1} x + A$. すなわち

$p = \dfrac{x + B}{1 - Bx}$ $(B = \tan A)$. $\dfrac{dy}{dx} = -\dfrac{1}{B} + \left(B + \dfrac{1}{B}\right)\dfrac{1}{1 - Bx}$ を積分して

$y = C_1x - (C_1^2 + 1)\log\left|1 + \dfrac{x}{C_1}\right| + C_2\left(C_1 = -\dfrac{1}{B}\right)$.

(c)　$\dfrac{dy}{dx} = p$ とおくと $p = 0$ または $\dfrac{dp}{p} = \dfrac{ydy}{y^2 - 4}$.

したがって $y = C_0$ または，$p = C_1\sqrt{y^2 - 4}$，

あとの式から，$\log\left|y + \sqrt{y^2 - 4}\right| = C_1x + C_3$. 整理して $y = C_2e^{C_1x} + \dfrac{1}{C_2}e^{-C_1x}$.

2. (a) 特性方程式は $\lambda^2-7\lambda+6=(\lambda-6)(\lambda-1)=0$ となり $y=C_1e^x+C_2e^{6x}$.

 (b) 同次方程式の特性方程式は $(\lambda+1)(\lambda+2)=0$ となり $y=C_1e^{-x}+C_2e^{-2x}$.
 もとの方程式の特解は $y=axe^{-x}$ とおいて代入すると $a=1$.
 したがって $y=C_1e^{-x}+C_2e^{-2x}+xe^{-x}$.

 (c) $y''+2y'+y=2e^{ix}$ と書けます. 同次方程式の特解は $y=(C_1+C_2x)e^{-x}$.
 与式の特解は $y=(b+ic)e^{ix}$ とおいて $b+ic=i$.
 $y=ie^{ix}$ の実部をとると特解として $y=\sin x$.
 したがって $y=(C_1+C_2x)e^{-x}+\sin x$.

 (d) 同次方程式の特性方程式は $(\lambda+1)(\lambda-2)=0$ となり $y=C_1e^{-x}+C_2e^{2x}$.
 与式の特解として $y=ax^2+bx+c$ を仮定して代入すると

$$a=\frac{1}{2},\quad b=\frac{1}{2},\quad c=-\frac{5}{4}.$$

 したがって $y=C_1e^{-x}+C_2e^{2x}-\dfrac{1}{2}x^2+\dfrac{1}{2}x-\dfrac{5}{4}$.

3. (a) 変換 $x=e^t(t=\log x)$により

$$\frac{dy}{dx}=\frac{dy}{dt}\frac{dt}{dx}=\frac{1}{x}\frac{dy}{dt}$$

$$\frac{d^2y}{dx^2}=\frac{d}{dx}\left(\frac{1}{x}\frac{dy}{dt}\right)=\frac{1}{x^2}\frac{dy}{dt}+\frac{1}{x}\frac{d}{dx}\left(\frac{dy}{dt}\right)=\frac{1}{x^2}\left(\frac{d^2y}{dt^2}-\frac{dy}{dt}\right)$$

 となることを用います.

 (b) $x=e^t$とおくと $\dfrac{d^2y}{dt^2}+5\dfrac{dy}{dt}+4y=e^{2t}$. 同次方程式の一般解は $y=C_1e^{-4t}+C_2e^{-t}$.

 非同次方程式の特解は $y=ae^{2t}$ とおいて $a=\dfrac{1}{18}$.
 したがって

$$y=C_1e^{-4t}+C_2e^{-t}+\frac{1}{18}e^{2t}=\frac{C_1}{x^4}+\frac{C_2}{x}+\frac{x^2}{18}.$$

Chapter 5

1. $y=-\cos x+x^4/24+C_1x^2+C_2x+C_3$

2. $\dfrac{d^2y}{dx^2}=p$ とおくと $\dfrac{d^2p}{dx^2}=\dfrac{p}{4}$ となり $p=\dfrac{1}{4}C_1e^{x/2}+\dfrac{1}{4}C_2e^{-x/2}$.
 2回積分してと $y=C_1e^{x/2}+C_2e^{-x/2}+C_3x+C_4$.

3. $\dfrac{d^2y}{dx^2}=p$ とおくと $\dfrac{dp}{dx}=2p$ となり $p=4C_1e^{2x}$. 2回積分して $y=C_1e^{2x}+C_2x+C_3$.

4. $\dfrac{dp}{dx}=p$ とおく $yp\dfrac{dp}{dy}-2p^2-y^2=0$ (同次形). $p=yu$ とおくと $\dfrac{udu}{1+u^2}=\dfrac{dy}{y}$
 から $u=\sqrt{C_0^2y^2-1}$. したがって $dx=dy\Big/\left(y\sqrt{C_0^2y^2-1}\right)$.
 $y=\dfrac{\sec\theta}{C_0}$ とおけば積分できて $\theta=x+C_2$ ゆえに $y=C_1\sec(x+C_2)$.

5. (a) 特性方程式が $\lambda^3-6\lambda^2+5\lambda=\lambda(\lambda-1)(\lambda-5)=0$ より
$$y=C_1+C_2e^x+C_3e^{5x}$$
(b) 特性方程式が $\lambda^4-16=(\lambda-2)(\lambda+2)\left(\lambda^2+4\right)=0$ より
$$y=C_1e^{2x}+C_2e^{-2x}+C_3\sin 2x+C_4\cos 2x$$

6. (a) 同次方程式の特性方程式は $\lambda^3-3\lambda^2+4=(\lambda+1)(\lambda-2)^2=0$
非同次方程式の特解をAe^{-2x}と仮定すると $-8Ae^{-2x}-12Ae^{-2x}+4Ae^{-2x}=e^{-2x}$ より
$A=-1/16$，したがって $y=C_1e^{-x}+(C_2+C_3x)e^{2x}-e^{-2x}/16$
(b) 同次方程式の特性方程式は $\lambda^3+1=(\lambda+1)\left(\lambda^2-\lambda+1\right)=0$
非同次方程式の特解を $y=ax^3+bx^2+cx+d$
と仮定して方程式に代入して係数を比較すると $a=1$，$b=0$，$c=1$，$d=-6$.
したがって
$$y=C_1e^{-x}+e^{x/2}\left(C_2\sin\frac{\sqrt{3}}{2}x+C_3\cos\frac{\sqrt{3}}{2}x\right)+x^3+x-6$$

Chapter 6

1. (a) $y=\sum_{n=0}^{\infty}a_nx^n$ とおくと $y'=\sum_{n=1}^{\infty}na_nx^{n-1}=\sum_{n=0}^{\infty}(n+1)a_{n+1}x^n$，
$-x^2y=-\sum_{n=0}^{\infty}a_nx^{n+2}=-\sum_{n=2}^{\infty}a_{n-2}x^n$．したがって
$y'-x^2y=a_1+2a_2x+\sum_{n=2}^{\infty}((n+1)a_{n+1}-a_{n-2})x^n=0$ より $a_1=a_2=0$，
$a_{n+1}=\dfrac{a_{n-2}}{n+1}\,(n=2,3,\cdots)$，$a_3=\dfrac{a_0}{3}$，$a_6=\dfrac{a_3}{6}=\dfrac{a_0}{6\cdot 3}$，$a_9=\dfrac{a_0}{9\cdot 6\cdot 3}$，$\cdots$，
$a_1=a_4=\cdots=0$，$a_2=a_5=\cdots=0$．ゆえに $y=a_0+\dfrac{a_0}{3}x^3+\dfrac{a_0}{6\cdot 3}x^6+$
$$\cdots=a_0\left(1+\frac{1}{1}\left(\frac{x^3}{3}\right)+\frac{1}{1\cdot 2}\left(\frac{x^3}{3}\right)^2+\frac{1}{1\cdot 2\cdot 3}\left(\frac{x^3}{3}\right)^3+\cdots\right)=a_0e^{x^3/3}.$$

(b) $y=\sum_{n=0}^{\infty}a_nx^n$ とおくと
$y''=\sum_{n=2}^{\infty}n(n-1)a_nx^{n-2}=\sum_{n=0}^{\infty}(n+2)(n+1)a_{n+2}x^n$.
$xy=\sum_{n=0}^{\infty}a_nx^{n+1}=\sum_{n=1}^{\infty}a_{n-1}x^n$ より
$2a_2+\sum_{n=1}^{\infty}((n+2)(n+1)a_{n+2}+a_{n-1})x^n=0$．したがって
$a_2=0$，$a_{n+2}=-(1/(n+2)(n+1))a_{n-1}$ なので
$$a_3=-\frac{a_0}{3\cdot 2}=-\frac{a_0}{3!},\quad a_6=-\frac{1}{6\cdot 5}a_3=\frac{1}{6\cdot 5\cdot 3\cdot 2}a_0=\frac{4}{6!}a_0,$$
$$a_9=-\frac{1}{9\cdot 8}a_6=-\frac{4\cdot 7}{9!}a_0,\quad a_4=-\frac{1}{4\cdot 3}a_1=-\frac{2}{4!}a_1,$$
$$a_7=-\frac{1}{7\cdot 6}a_4=-\frac{2\cdot 5}{7!}a_1,\quad a_{10}=-\frac{1}{10\cdot 9}a_7=\frac{2\cdot 5\cdot 8}{10!}a_1,$$
$$\cdots,a_2=a_5=a_7=\cdots=0.$$
ゆえに

$$y = a_0\left(1 - \frac{1}{3!}x^3 + \frac{4}{6!}x^6 - \frac{4\cdot 7}{9!}x^9 + \frac{4\cdot 7\cdot 10}{12!}x^{12} - \cdots\right)$$
$$+a_1\left(x - \frac{2}{4!}x^4 + \frac{2\cdot 5}{7!}x^7 - \frac{2\cdot 5\cdot 8}{10!}x^{10} + \cdots\right).$$

2. (a) $x = 0$ が確定特異点なので $y = \sum_{n=0}^{\infty} a_n x^{n+\lambda}$ とおく.

$y' = \sum_{n=0}^{\infty} a_n (n+\lambda) x^{n+\lambda-1} = \sum_{n=0}^{\infty} a_{n+1} (n+\lambda+1) x^{n+\lambda} + a_0\lambda x^{\lambda-1}$,

$xy' = \sum_{n=0}^{\infty} a_n (n+\lambda) x^{n+\lambda}$, $4xy'' = 4\sum_{n=0}^{\infty} a_n (n+\lambda)(n+\lambda-1) x^{n+\lambda-1}$

$= 4a_0\lambda(\lambda-1)x^{\lambda-1} + \sum_{n=0}^{\infty} 4a_{n+1}(n+\lambda+1)(n+\lambda)x^{n+\lambda}$より

与式 $= 2a_0\lambda(2\lambda-1)x^{\lambda-1}$

$+\sum_{n=0}^{\infty}\left(\left(4(n+\lambda+1)(n+\lambda) + 2(n+\lambda+1)\right)a_{n+1} + (n+\lambda+1)a_n\right)x^{n+\lambda} = 0.$

$\lambda(2\lambda-1) = 0$ より $\lambda = 0$, $\dfrac{1}{2}$.

$\lambda = 0$ のとき $a_{n+1} = -\dfrac{1}{2(2n+1)}a_n$, $a_1 = -\dfrac{1}{2}a_0$, $a_2 = -\dfrac{1}{2}\dfrac{1}{3}a_1 = -\dfrac{1}{2^2}\dfrac{1}{1\cdot 3}a_0$,

$a_3 = -\dfrac{1}{2}\dfrac{1}{5}a_2 = -\dfrac{1}{2^3}\dfrac{1}{1\cdot 3\cdot 5}a_0, \cdots$. $\lambda = \dfrac{1}{2}$ のとき $a_{n+1} = -\dfrac{1}{4(n+1)}a_n$ より

$a_1 = -\dfrac{1}{4}\dfrac{1}{2}a_0$, $a_2 = -\dfrac{1}{4}\dfrac{1}{2}a_1 = \dfrac{1}{4^2}\dfrac{1}{1\cdot 2}a_0$, $a_3 = -\dfrac{1}{4}\dfrac{1}{3}a_2 = -\dfrac{1}{4^3}\dfrac{1}{1\cdot 2\cdot 3}a_0$, $\cdots$.

ゆえに

$$y = C_1\left(1 - \frac{1}{1}\left(\frac{x}{2}\right) + \frac{1}{1\cdot 3}\left(\frac{x}{2}\right)^2 - \frac{1}{1\cdot 3\cdot 5}\left(\frac{x}{2}\right)^3 + \cdots\right)$$
$$+C_2\sqrt{x}\left(1 - \frac{1}{1!}\left(\frac{x}{4}\right) + \frac{1}{2!}\left(\frac{x}{4}\right)^2 - \frac{1}{3!}\left(\frac{x}{4}\right)^3 - \cdots\right).$$

(b) $y = \sum_{n=0}^{\infty} a_n x^{n+\lambda}$ とおくと

$y' = \sum_{n=0}^{\infty} a_n (n+\lambda) x^{n+\lambda-1} = a_0\lambda x^{\lambda-1} + \sum_{n=0}^{\infty} a_{n+1}(n+\lambda+1)x^{n+\lambda}$,

$-xy'' = -a_0\lambda(\lambda-1)x^{\lambda-1} - \sum_{n=0}^{\infty} a_{n+1}(n+\lambda+1)(n+\lambda)x^{n+\lambda}$,

$x^2y'' = \sum_{n=0}^{\infty} a_n(n+\lambda)(n+\lambda-1)x^{n+\lambda}$ などを考慮して

$-a_0\lambda^2 x^{n-\lambda} + \sum_{n=0}^{\infty}(n+\lambda+1)^2(a_n - a_{n+1})x^{n+\lambda} = 0$. したがって $\lambda = 0$,

$a_{n+1} = a_n$ となり

$y = a_0(1 + x + x^2 + \cdots) = \dfrac{a_0}{1-x}$. もう1つ解を求めるため $y = \dfrac{u}{1-x}$.

とおいて代入すると $xu'' + u' = 0$.

これを解いて($u' = p$ とおく) $u = C_1\log|x| + C_0$.

したがって $y = \dfrac{1}{1-x}(C_1\log|x| + C_2)$.

Appendix A

1. (a) 第 1 式を x で微分して第 2 式を使えば $y''+y+z=3y'$.
これと第 1 式から z を消去して $y''-4y'+4y=0$.
したがって $y=(C_1+C_2x)\ e^{2x}$.
第 1 式に代入して $z=(C_1-C_2+C_2x)e^{2x}$.

(b) 第 1 式 − 第 2 式より $\dfrac{d}{dx}(y-z)=-1$. したがって $y-z=-x+C_1$.
これを用いて第 1 式から z を消去すると $\dfrac{dy}{dx}+\dfrac{1}{x-C_1}y=-\dfrac{2x-C_1}{x-C_1}$ (線形).
これを解いて $y=\dfrac{-x^2+C_1x+C_2}{x-C_1}$.
さらに $z=y+x-C_1$ から $z=\dfrac{-C_1x+C_1^2+C_2}{x-C_1}$.

2. (a) 対応する連立方程式は $dx/y=dy/x=dz/(xy)$ したがって $ydy=xdx$, $dz=xdx$
より $x^2-y^2=C_1$, $z=\dfrac{1}{2}x^2+C_2$ ゆえに $z=\dfrac{1}{2}x^2+\varphi\left(x^2-y^2\right)$ (φ : 任意関数)

(b) 補助方程式は $dx/(yz)=dy/(zx)=dz/(xy)$ となり $ydy=xdx$, $zdz=ydy$.
したがって $x^2-y^2=C_1, y^2-z^2=C_2$ より $\varphi(x^2-y^2, y^2-z^2)=0$ (φ:任意関数)

Appendix B

1. $x=At+B$, $y=-(1/2)gt^2+Ct+D$ より t を消去すると y は x の 2 次式 (放物線) になります. $t=0$ のとき $x=0$, $dx/dt=V\cos\theta$, $y=0$, $dy/dt=V\sin\theta$ より任意定数を決めると $x=(V\cos\theta)t$, $y=-(1/2)gt^2+(V\sin\theta)t$ となり $y=-gx^2/\left(2V^2\cos^2\theta\right)+(\tan\theta)x$. $y=0$ をみたす x は $\left(V^2/g\right)\sin 2\theta$.

2. 第 1 式を t で微分して第 2 式を使うと $d^3x/dt^3=-(a/m)^2dx/dt$ 初期条件を満たす解は
$x=\dfrac{Am}{a}\left(\cos\dfrac{at}{m}-1\right)+1$, 第 1 式に代入して $dy/dt=\dfrac{Am}{a}\cos\dfrac{at}{m}$,
$t=0$ のとき $dy/dt=0$ より $A=\dfrac{a}{m}\left(x=\cos\dfrac{a}{m}t\right)$ さらに積分して
$t=0$, $y=0$ より $y=\dfrac{m}{a}\sin\dfrac{a}{m}t$. t を消去すれば $x^2+\dfrac{a^2}{m^2}y^2=1$.

3. 両辺に $2d\theta/dt$ をかけて $2(d\theta/dt)(d^2\theta/dt^2)=d/dt\,(d\theta/dt)^2=-2a^2\sin\theta$
$\left(a^2=g/l\right)$. 1 回積分して任意定数 C を便宜上 $C=2a^2\left(2-k^2\right)/k^2$ とおけば
$(d\theta/dt)^2=(4a^2/k^2)(1-k^2\sin^2(\theta/2))$　$x=\theta/2$ とおいて
$dx/dt=(a/k)\sqrt{1-k^2\sin^2 x}$ これを積分します. $\sin x\sim x$ と近似すれば積分できて
$t=(1/a)\sin^{-1}(kx)-\alpha$ より $\theta=A\sin\left(\sqrt{g/l}\,t+\alpha\right)$ ($A=2/k$, α : 任意定数)

Index

【著者紹介】

河村 哲也（かわむら てつや）

お茶の水女子大学 大学院人間文化創成科学研究科　教授（工学博士）

コンパクトシリーズ 数学（すうがく） 常微分方程式（じょうびぶんほうていしき）

2020年2月28日　初版第1刷発行

著　者　河　村　哲　也
発行者　田　中　壽　美

発行所　インデックス出版
〒191-0032　東京都日野市三沢 1-34-15
Tel 042-595-9102　Fax 042-595-9103
URL：http://www.index-press.co.jp

Printed in Japan　ISBN978-4-910058-02-3 C3041